材料・道具提供

メルヘンアート（東京川端商事株式会社）　→　麻繩線團
串珠　配件　加連銀飾　軟木塞板　大頭針
　　東京都墨田区緑 2-11-12

ハマナカ株式会社　→　麻繩
　　京都本社：京都府京都市右京区花園藪の下町 2-3
　　東京支店：東京都中央区日本橋浜町 1-11-10

クロバー株式会社　→　手藝用剪刀　手藝用白膠
　　大阪府大阪市東成区中道 3-15-5

パーツクラブ　→　Swarovski 水晶珠
　　http://www.partsclub.jp/
　　本店：東京都台東区浅草橋 1-17-5

攝影協力

株式会社トークツ
東京都台東区浅草 2-34-10

U0069036

2007 年(民 96 年)1 月初版一刷
行政院新聞局登記證局版台業字第壹貳玖貳號
編　　輯：內藤　朗
發 行 人：黃成業
發 行 所：鴻儒堂出版社
地　　址：台北市開封街一段 19 號 2 樓
電　　話：02-23113810、02-23113823
傳　　真：02-23612334
郵政劃撥：01553001
電子信箱：hjt903@ms25.hinet.net
本書由日本ジュア社授權・鴻儒堂出版社發行
法律顧問：蕭雄淋律師
※版權所有　翻印必究※
定價：150 元

國家圖書館出版品預行編目資料

麻繩手工飾品：超人氣流行飾品第 2 集！/ 內藤
　　朗編輯 .-- 初版 .-- 臺北市：鴻儒堂，民
　96
　　　面；　　公分

　　ISBN　978-957-8357-83-9（平裝）

　　1. 編結　2. 裝飾品

426.4　　　　　　　　　　　　　95026074

Hemp × 基本結

讓我們用麻繩編製基本款的飾品吧！

>>>01~03

這是以圓柱四層結編製的
基本款手環，繩線的配色
決定手環的風格。

Hemp→圓柱四層結

handmade by youko
作法 P.26

我 喜 愛 的 沖 浪 板 和 手 環 ！

我喜歡光腳踩在細沙上

>>>04～07

以並排平結編製的手環＆戒指，多做幾條不同顏色的一起配戴也很可愛喲！

Hemp→並排平結

handmade by 西村明子

作法　04・07→P.4
　　　05・06→P.26

P.3 No.04

Hemp→並排平結

並排平結

☆材料☆
麻繩線團（細）／Marchen Art
中心線A　淺藍綠色（337）　60cm1條
中心線B　原色（321）　60cm1條
編織線　藍-中（347）　90cm4條

請參照步驟5～16

※為方便讓讀者了解，圖片中都改用其他顏色的線。中心線A、B是改用藍色，編織線是用紅色和黃色

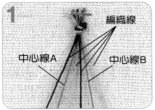

1 編織線　中心線A　中心線B

將線頭對齊合攏打個單結（P.44），2條中心線位於兩邊外側數來的第2條線。

2

每2條線為一組，編10cm三線編法（P.45）。

3 編織線　編織線

再將兩側最外的2條線當作編織線，中央的4條線當作中心線。

4

打1次平結（P.52）。

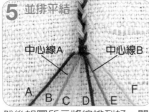

5 並排平結　中心線A　中心線B　A B C D E F

然後如圖所示將線排列好，開始打並排平結。

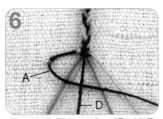

6 A D

將E和F先暫放一邊。將A越過B、C的上方，從D的下方穿出。

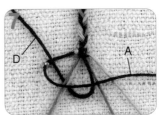

7 D A

將D穿過B、C的下方，由下往上從左邊的圈環穿出，從左右平均地拉緊A和D。

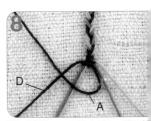

8 D A

將A越過B、C的上方，從D的下方穿出。

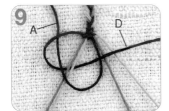

9 A D

將D穿過B、C的下方，由下往上從右邊的圈環穿出。

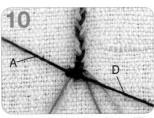

10 A D

從左右平均地拉緊A和D。再打1次左上平結即完成。

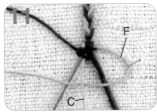

11 F C

將A和B先暫放一邊。將F越過D、E的上方，從C的下方穿出。

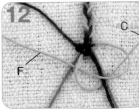

12 C F

將C穿過D、E的下方，由下往上從右邊的圈環穿出。

13 從左右平均地拉緊C和F。

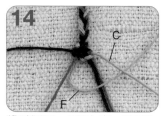

14 將F越過D、E的上方，從C的下方穿出。

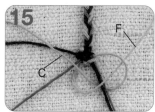

15 將C穿過D、E的下方，由下往上從左邊的圈環穿出。

16 從左右平均地拉緊C和F。到此即完成1次右上平結（1次並排平結）。

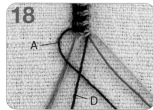

17 重複步驟6～16，打14.5cm的結飾。

18 最後收尾。將A越過B、C的上方，從D的下方穿出。

19 將D穿過B、C的下方，由下往上從左邊的圈環穿出。

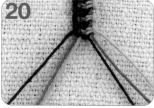

20 從左右平均地拉緊A和D，然後調整外形。

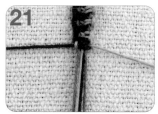

21 將兩側最外的2條線當作編織線，打1次平結。

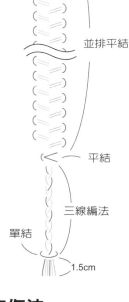

1.5cm
單結
三線編法
平結
平結
並排平結
平結
三線編法
單結
1.5cm

22 打7cm三線編法，打個單結。

完成圖

P.3　No.07也是相同的作法。

☆材料☆
麻繩線團（細）／Marchen Art
中心線A　紅色（329）　60cm1條
中心線B　橘色（328）　60cm1條
編織線　原色（321）　90cm4條

5

我發呆出了神……

>>>08.09

這條腳環是用Z字圖樣的斜捲
結編製而成，作品特色是使
用討喜的心形配件。

Hemp→斜捲結

handmade by yuming
作法　P.27

⑩

⑪

>>>10.11

這兩條原色項鍊和膚色非常
搭配，後方可愛的蝴蝶結也
是飾品一大特色！

Hemp→雙層右旋結

handmade by Ami-go
作法 P.28

>>>**12.13**
讓人想整組配戴的項鍊和手
環，造型簡單好搭配服飾，
非常實用喲！

Hemp→平結

handmade by yuming
作法 P.29

怎麼還不快來呀～

⑫

⑬

海好遼闊喲！

>>>14.15
這是男、女各一的手環
組，男用手環也可作為
女用腳環喲。

Hemp→左右結

handmade by yuming
作法 P.29

⑭ ⑮

Lesson 2

Hemp×女生

用彩鮮麗的麻繩和串珠製作
時髦流行飾品大集合！

體育館內冰涼的空氣。

>>>**16.17.18.20**
用活潑亮麗的色彩製作的三層
項鍊和腳環，加上銀質配件和
串珠更漂亮搶眼喲！

Hemp→環狀結＋左右結

handmade by Ami-go
作法　P.30

HEMP

「麻繩」是這樣拼嗎？

⑱

⑲

⑳

㉑

>>>19.21

這兩件作品是用2條結飾纏繞成1條手環。粉色和桃紅色麻繩和串珠的組合，看起來時髦又俏麗！

Hemp→纏繞結＋三線編法

handmade by youko
作法　P.31

>>>22.23

這條紅與桃紅相間、充滿活力的手環，編織時還一面穿入透明串珠，成套的戒指只使用桃紅色製作。

Hemp→環狀結

handmade by yuming
作法　P.32

>>>24.25

這是女生都喜歡的桃紅和白的配色。製作重點是使用貓眼串珠，使作品散發略為成熟的魅力。

Hemp→平結

handmade by yuming
作法　P.32

看 起 來 有 點 成 熟 喔 。

>>>26.27

這是裝飾十字花樣的可愛腳環，可配合自己腳的尺寸調整長度，配色看起來很有質感呢！

Hemp→螺旋結＋平結

handmade by yuming
作法 P.33

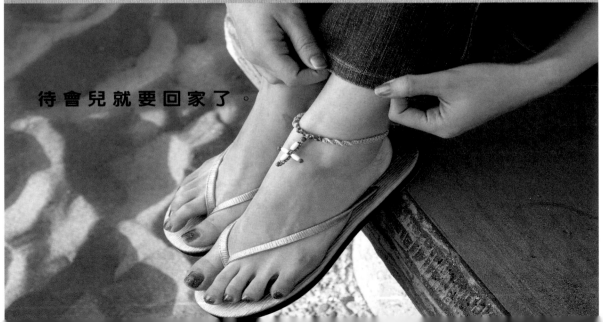

待會兒就要回家了。

>>>28

只戴單條也很可愛的網袋結項鍊，還可以兩條一起配戴喲！作法稍微有點複雜，加油吧！

Hemp→網袋結

handmade by yuming
作法 P.15

看起來有稍微打扮一下！

P.14 No.28 　Hemp→網袋編

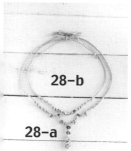

28-b

28-a

☆材料☆28-a
麻繩線團（細）／Marchen Art
線 原色（361）220cm3條
水晶珠（譯注：書中是使用施華洛奇水
晶珠（Swarovski），為使文字精簡些，書
中全譯為水晶珠）／配件俱樂部
◎ ＃5040 翡翠綠8mm1顆、水蓮紅
8mm1顆、6mm2顆、LC黃玉寶石6mm4顆
◎ 捷克串珠
水滴形玫瑰色 9×18mm1顆

28-b
麻繩線團（細）／Marchen Art
線 原色（361）220cm3條
水晶珠／配件俱樂部
◎ ＃5040 水蓮紅6mm2顆
◎ ＃5000 LC黃玉寶石8mm1顆

※為方便讓讀者了解，圖中都改用其他顏色的線。
分別改成米黃色、水藍色和黃色。

28-a的作法

1　準備3條220cm長的麻線。

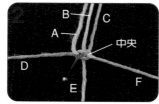

2　以1條作為中心線，3條都取中央位置打1次平結（P.52）。

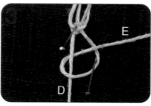

3　用D和E打左右結（P.53），E如圖所示般穿過圈環。

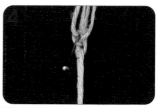

4　將E拉緊。

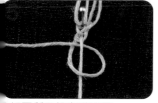

5　D如圖所示般穿過圈環。

6　將D拉緊。

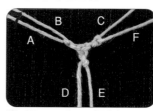

7　將A和B、C和F同樣也打左右結，這樣1組結飾即完成。

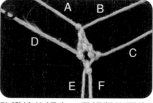

8　改變線的組合，用相鄰的兩條線來打結。用E和F打1次左右結。

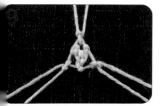

9　同樣地用A和D、B和C打左右結，這樣就完成第2組結飾。

10　同樣地變換線的組合，再打1組結。

11　放入捷克串珠後，調整形狀。

12　如同順著捷克串珠，用相鄰的線再打1組左右結。

再打另1組左右結，以包覆捷克串珠。

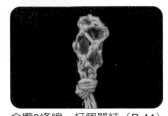

合攏6條線，打個單結（P.44）。

左右各取2條線作為編織線，中央留2條作為中心線。在1條中心線上穿過1顆8mm＃5040翡翠綠水晶珠。

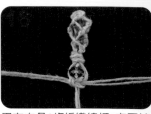

用左右各2條編織線打1次平結。

和步驟15、16相同，在中心線上穿過1顆8mm＃5040水蓮紅水晶珠，再打1次平結。

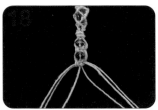

左右各分成3條線。

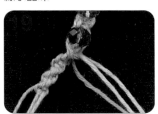

單側以1條線為中心線，打7次右旋結（P.47）。

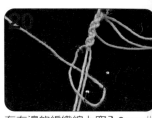

在左邊的編織線上穿入6mm＃5040LC黃玉寶石水晶珠，如圖所示般用線打環狀結。

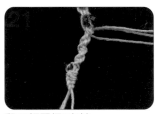

和20相同打6次結。

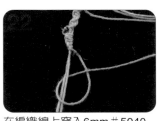

在編織線上穿入6mm＃5040水蓮紅水晶珠，再打環狀結（P.46）。

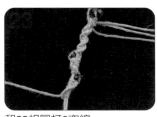

和22相同打6次線。

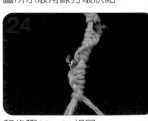

和步驟20、21相同。

以1條線作為中心線，打20次右旋結。

編28cm三線編法（P.45），打單結後剪掉多餘的線。

另一側也用3條線編織，和19相同打7次螺旋結。

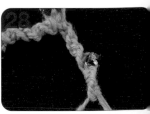

在右邊的編織線上，穿入6mm＃5040LC黃玉寶石水晶珠，再和步驟20、21相同編織。

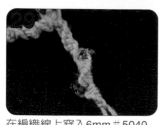

在編織線上穿入6mm＃5040水蓮紅水晶珠，和22、23相同編織。

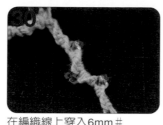

在編織線上穿入6mm＃5040LC黃玉寶石水晶珠，和28相同編織。

和25、26相同編織，作品即完成。

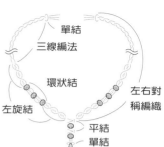

單結
三線編法
環狀結
左右對稱編織
左旋結
平結
單結
網袋結

28-b的作法

在中央鬆鬆地打個結

將線合攏，在中央線的中央穿入8mm＃5000LC黃玉寶石水晶珠。線的單側鬆鬆地打個結，讓串珠無法滑動。

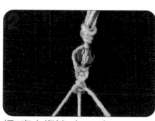

打7次右旋結（P.47）。

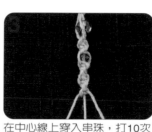

在中心線上穿入串珠，打10次右旋結。

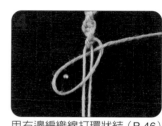

用右邊編織線打環狀結（P.46）。

打30次步驟4的結。

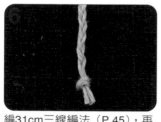

編31cm三線編法（P.45），再打單結（P.44）。

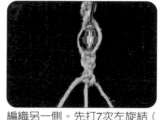

編織另一側。先打7次左旋結（P.46）。

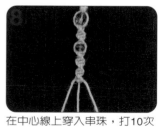

在中心線上穿入串珠，打10次左旋結。

如圖所示，用左邊的編織線打環狀結。

打30次步驟9。

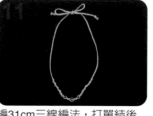

編31cm三線編法，打單結後作品即完成。

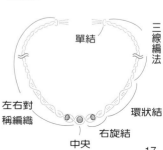

單結
三線編法
左右對稱編織
環狀結
右旋結
中央

17

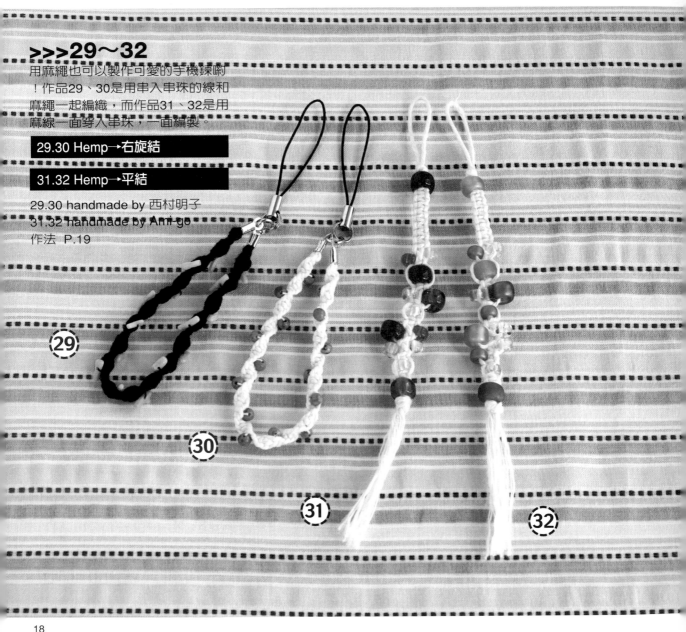

>>>29～32

用麻繩也可以製作可愛的手機鍊喲
！作品29、30是用串入串珠的線和
麻繩一起編織，而作品31、32是用
麻線一面穿入串珠，一面編製。

29.30 Hemp→右旋結

31.32 Hemp→平結

29.30 handmade by 西村明子
31.32 handmade by Ami-go
作法 P.19

㉙

㉚

㉛

㉜

作法 P.18 No.29・30

長約8cm

材料

麻繩（細）／Hamanaka
作品29 中心線 黑色（F-10・col.10）100cm1條
編織線 黑色（F-10・col.10）140cm1條
作品30 中心線 白色（F-10・col1）100cm1條
編織線 白色（F10・col1）140cm1條

25號繡線
作品29 黑色 1400m1條
作品30 白色 1400m1條

串珠
作品29 桃紅珊瑚碎塊・約7mm 15顆
作品30 藍綠色環形串珠・4mm 15顆

金屬配件
作品29・30 鎖頭 銀色2個
作品29・30 手機鍊金屬配件 銀色1個
作品29・30 單圈 5mm・銀色 1個

作法 P.18 No.31・32

長約15cm

材料

麻繩線團（細）Marchen Art
作品31 中心線 原色（321）40cm1條
編織線 原色（321）100cm1條
作品32 中心線 原色（321）40cm1條
編織線 原色（321）100cm1條

迷你結飾玻璃串珠
（直徑約5mm 孔徑約2mm）／Marchen Art
作品31 淺橘色（AC914）2顆、
透明（AC994）3顆、黃色（AC995）3顆、
作品32 綠色（AC910）3顆、
透明（AC994）1顆、
黃綠色（AC997）4顆

結飾玻璃串珠
（直徑約7mm孔徑約3mm）／Marchen Art
作品31 紅色（AC904）3顆、
橘色（AC9l4）2顆、
作品32 黃綠色（AC909）3顆、
綠色（AC910）2顆

作品29、30

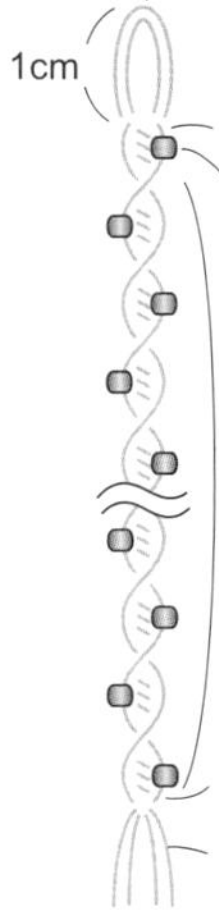

1.將中心線和編織線從中央對摺，再把繡線對摺，與麻繩合攏後開始編織。（請參照圖1）

2.打5次右旋結（P.47）。

3.在線上穿入串珠，打1次右旋結。

4.重複14次步驟2、3。

5.打5次右旋結。

6.在線的兩端裝上鎖頭，再接合單圈和手機鍊金屬配件即完成。（請參照圖2）

圖1

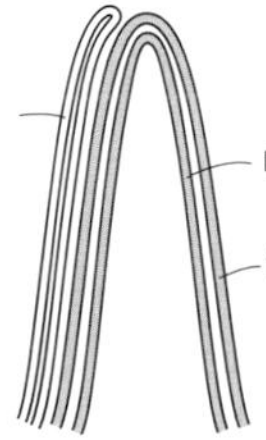

繡線
中心線
編織線

將中心線和編織線從中央對摺，如圖所示加上繡線後開始編織，繡線是和左側的編織線一起編織。

圖2

手機鍊金屬配件
單圈
鎖頭

作品31、32

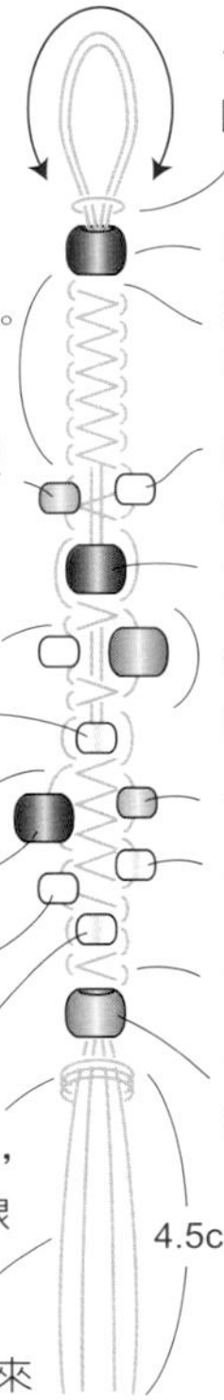

約8cm

1.將中心線從中央對摺成圈環，打單結（P.44）。

2.將2條中心線穿過串珠。

3.加上編織線。（編織線的中央在中心線上打單結）

4.打13次平結（P.52）

5.在右邊的編織線上穿入串珠，打1次平結。

6.在左邊的編織線上穿入串珠，打1次平結。

7.在中心線上穿入串珠。

8.打1次平結。

9.編織線分別穿入串珠，打1次平結。

10.同7。
11.同8。
12.同5。
13.同6。
14.同5。
15.同6。
16.同7。
17.打2次平結。
18.全部的線穿過串珠。
19.打單結後，剪掉多餘的線即完成。

4.5cm

將線弄散開來

作品32的串珠配色圖

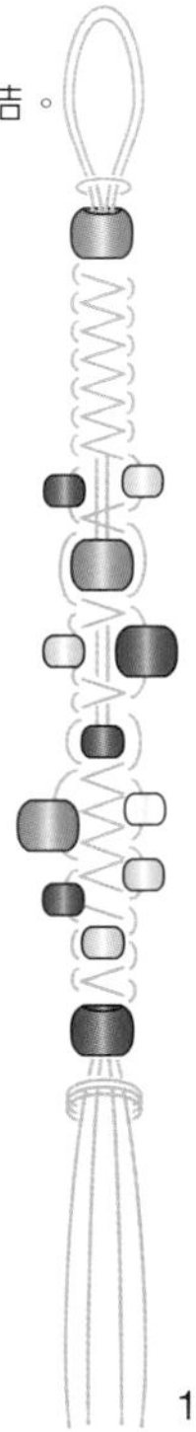

	作品31	作品32
串珠7mm	紅色 ● 橘色 ●	黃綠 ● 綠色 ●
串珠5mm	淺橘 ○ 透明 ○ 黃色 ○	綠色 ● 透明 ○ 黃綠 ○

Hemp × 男生

用麻繩和銀質配件，
製作酷勁十足的男生飾品吧！

>>>33

這是用雙層螺旋結，搭配加連銀飾（
karean，譯注：請參閱P.41）和水滴
形墜飾製作的項鍊。這2項魅力配件
，突顯出項鍊與眾不同的特色。

Hemp→雙層螺旋結

handmade by Ami-go
作法　P.40

準備OK！

>>>34.35

這是用清爽的玻璃環形串珠
和麻繩編製的手環，適合搭
配略為粗獷帥氣的服裝。

Hemp→十字螺旋結

handmade by Sinnsuke
作法 P.35

㉟

㉞

>>>36.37

這是搭配加連銀飾的項鍊和手環組,黑色麻繩與銀色配件的組合風格超酷!

Hemp→四線編法

handmade by Sinnsuke
作法 P.23

作法 P.22 No.36

項鍊長約56cm

材料

麻繩線團（細）／Marchen Art

線 黑色（326） 130cm4條

銀質配件／Marchen Art

加連銀飾 18mm（AC794） 1個、3mm（AC772） 8個、
（AC790） 1組

10.線留適當長度後剪斷，
在兩端塗上白膠，再裝上
加連銀飾（AC790）。

9.約編6cm四
線編法。

8.重複2次步
驟6、7。

7.打2次圓柱四層結，穿入
加連銀飾（AC772）後，
再打2次圓柱四層結。

6.用4條線約編6cm
四線編法（P.56）

3.將2條線為一組，共分4組
打3次圓柱四層結（P.54）。

5.同3。

4.穿入加連銀飾（AC772）。

2.穿入加連銀飾（AC772）。

1.將4條線的中央穿過加
連銀飾（AC794）。

開始

作法 P.22 No.37

手環長約23cm

材料

麻繩線團（細）／Marchen Art

線 黑色（326） 120cm2條

銀質配件／Marchen Art

加連銀飾 3mm（AC772） 4個、（AC790） 1組

作品 37

1.將2條線從中央固
定，對摺後開始編織
。（請參照圖1）

6.加連銀飾（AC790）

2.約編3cm四線
編法（P.56）

3.打2次圓柱四層結，穿入
加連銀飾（AC772），再打
2次圓柱四層結。

圖1

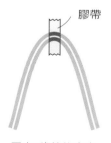

膠帶

※右側和左側的作法相同

4.重複3次步驟2、3。

固定2條線的中央
，將線對摺。

5.約編3cm
四線編法

6.線留適當長度後剪斷，
在兩端塗上白膠，再裝上
加連銀飾（AC790）。

啊！好渴喲～

>>>38.39
圓柱四層結編製的簡單錢包鍊，色彩可做多種變化，製作使用後，就會覺得非常實用！

Hemp→圓柱四層結

handmade by Sinnsuke
作法P.25

P.24　No.38、39

長約66cm

材料

麻繩（中）／Hamanaka

作品38　中心線　白色（F-20、col.1）150cm2條
編織線A　紅色（F-20、col.8）500cm1條
編織線B　黑色（F-20、col.10）500cm1條
作品39　中心線　白色（F-20、col.1）150cm2條
編織線A　白色（F-20、col.1）500cm1條
編織線B　米色（F-20、col.2）500cm1條

金屬配件

作品38、39

問號鉤　銀色・50mm 1個
鑰匙環　銀色・30mm 1個
單圈　銀色・9mm 1個

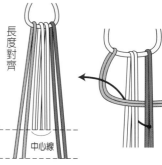

圖1

長度對齊

編織線A　編織線B

中心線

圖2　編織線的配置法

編織線A

編織線B

編織線B

中心線4條　編織線A

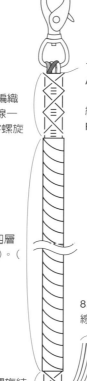

問號鉤

鑰匙環

單圈

0.5cm

1.將2條中心線、編織線A、B的中央穿過問號鉤，用同色的編織線2條一組，打1次左旋結（P.46）。（請參照圖1）

2.和1相同區分編織線A、B，同色線一組約打5cm十字螺旋結（P.50）。

3.約打50cm圓柱四層結（加中心線P.54）。（請參照圖2）

4.約打3cm十字螺旋結

6.將在步驟5合攏的中心線部分，打十字螺旋結直到最後。

8.剪掉多餘的線即完成。

5.在單圈中穿入中心線，在距單圈2cm處綁上編織線A、B。（請參照圖3）

7.使用其中的2條編織線，如圖4般打結，再剪掉多餘的線。

圖3

單圈

編織線A

2cm

編織線B

中心線

圖4

如箭頭所示，用力拉緊線，結眼用手藝用白膠固定，最後剪掉多餘的線。

P.2 No.1～3

長約20cm

材料

麻繩（細）／Hamanaka

作品1　中心線　米色（F10、col.2）70cm1條
　　　編織線A　米色（F-10、col.2）210cm1條
　　　編織線B　藏青色（F-10、col.9）210cm1條
作品2　中心線　褐色（F-10、col.4）70cm1條
　　　編織線A　褐色（F-10、col.4）210cm1條
　　　編織線B　紅色（F-10、col.8）210cm1條
作品3　中心線　綠色（F-10、col.6）70cm1條
　　　編織線A　綠色（F10、col.6）210cm1條
　　　編織線B　白色（F-10、col.1）210cm1條

木串珠

作品1　白色8mm 1顆　作品2　褐色 8mm 1顆
作品3　褐色 8mm 1顆

線的配置法

圖1
編織線B　　編織線A
膠帶
中心線
中央
1.5cm

2.打17.5cm圓柱四層結（P.54）。（請參照圖2）

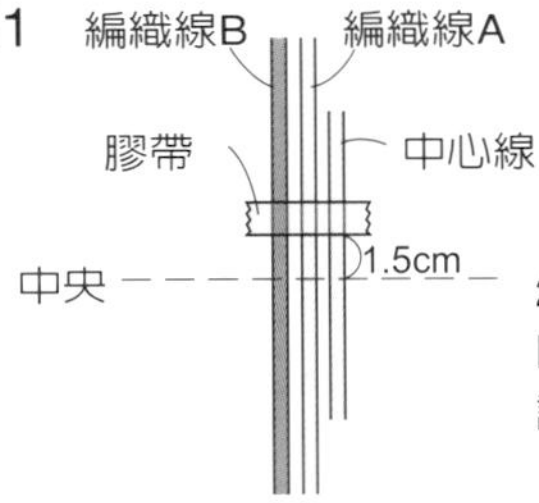

將3條線從中央合攏，距離中央約1.5cm處用膠帶固定，從膠帶下方約編3cm三線編法。

圖2
編織線A
編織線B
中心線
編織線A和B呈十字排放

作品1～3

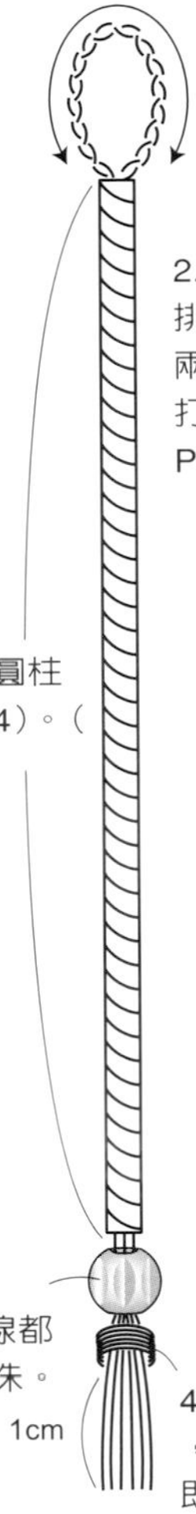

1.在線的中央編3cm三線編法（P.45），彎成圈環。（請參照圖1）

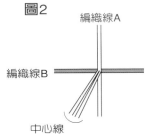

2.如圖2所示般排放好線，用兩邊的編織線打1次平結（P.52）。

3.全部的線都穿過木串珠。

4.打單結（P.44），再剪掉多餘的線即完成。

1cm

P.3 No.5、6

戒圍　作品5約6cm、作品6約7cm

材料

麻繩線團（細）／Marchen Art

作品5　中心線A　淺藍綠色（337）30cm1條
　　　中心線B　原色（321）30cm1條
　　　編織線　藍-中（347）80cm2條
作品6　中心線A　紅色（329）30cm1條
　　　中心線B　橘色（328）30cm1條
　　　編織線　原色（321）80cm2條

作品5、6

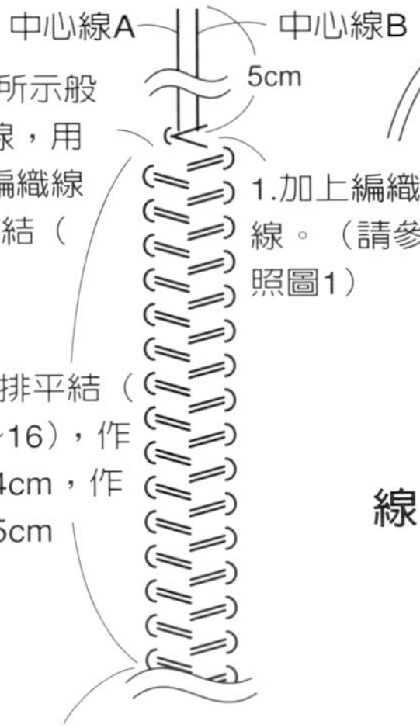

中心線A　　中心線B

5cm

1.加上編織線。（請參照圖1）

2.如圖2所示般排放好線，用兩邊的編織線打1次平結（P.52）。

3.打並排平結（P.45～16），作品5是4cm，作品6是5cm

4.用線編成圈環（戒指）後，戒指即完成。（請參照圖3）

圖1 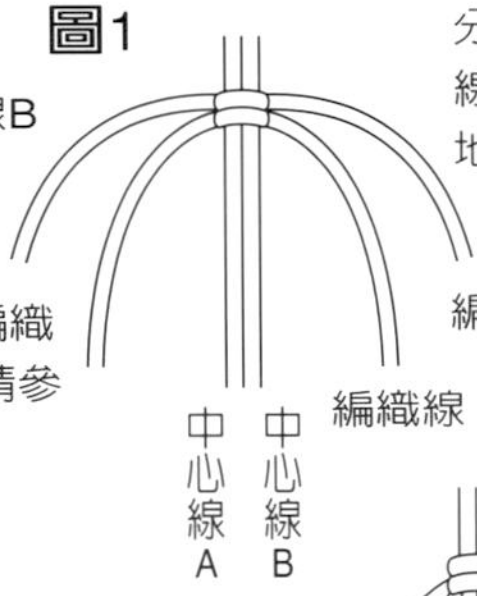
分別用2條編織線的中央處緊緊地綁上去
編織線
中心線A　中心線B
編織線

圖2　線的配置法
中心線A　中心線B
編織線　編織線　編織線　編織線

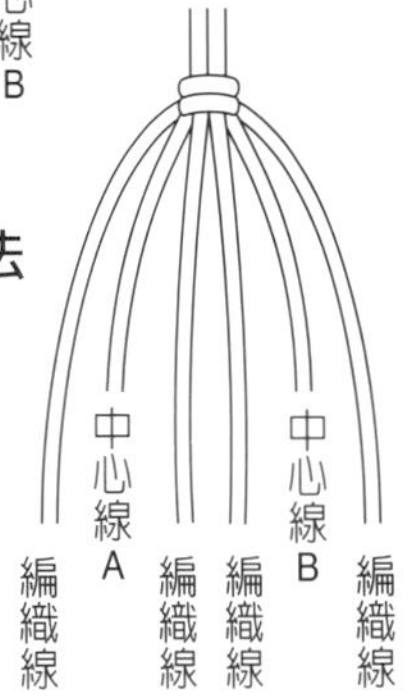

圖3
並排平結
中心線A
中心線B
→
並排平結
平結

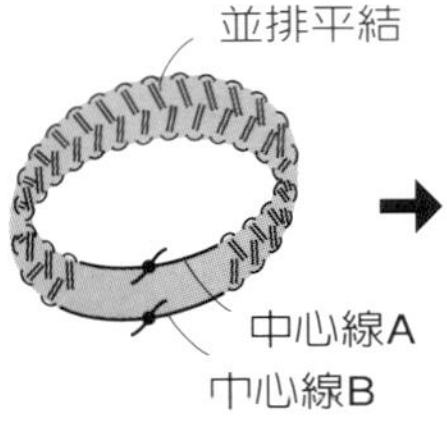

並排平結打到某個長度後，若符合指頭尺寸，就將相鄰的同色中心線互相打結。

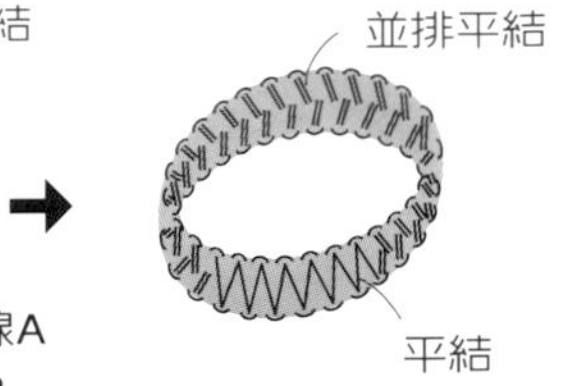

將2條編織線為一組，在看得到的中心線上打平結，將其隱藏起來，編織線再穿入反面即完成。

腳環長約22cm

材料

麻繩線團（中）／Marchen Art

作品8 中心線 原色（321）110cm1條

編織線 黑色（326）200cm2條

作品9 中心線 藍-深（348）110cm1條

編織線 藍-淺（346）200cm2條

金屬配件

作品8、9 銀色、約20×20mm

・心形1個

線的配置法

圖1

編織線

中心線

膠帶

15cm

3cm

編織線
的中央

在編織線中央上方3cm處，以及距離中心線邊端1.5cm的下方用膠帶固定，再編6cm三線編法（P.45）。

三線編法6cm

15cm

中心線

中心線

編織線

將三線編法的部分對摺成圈環

圖2

中心線
15cm

中心線

編織線

一面在其他的線上塗上白膠，一面將15cm的中心線纏繞上去。

塗上白膠

中心線

編織線

最後線頭穿過纏繞的線，塗上白膠固定後，剪掉多餘的線。

作品8、9

6cm

0.5cm

1cm

20cm

0.5cm

6cm

1cm

1.編6cm三線編法（P.45），再彎成圈環。（請參照圖1）

2.用其他的線在中心線上纏繞15cm。（請參照圖2）

3.打18次斜捲結（P.57）。（將中心線當作P.57的A線）

4.和2同樣用編織線在中心線上纏繞。

5.穿入金屬配件，打單結（P.44）。

6.打單結，再剪掉多餘的線即完成。

圖1

膠帶

編織線的中央

2cm

A A B

在3條線中央點上方2cm處，用膠帶固定，然後編4cm三線編法（P.45）。

作品23

4cm

1.編4cm三線編法（P.45），彎成圈環。（請參照圖1）

3.將1條編織線A穿過串珠，剩下的5條作為中心線，用線A打7次環狀結（P.46）。（請參照圖2）

4.將1條編織線B穿過串珠，剩下的5條作為中心線，用線B打7次環狀結。

5.重複6次步驟3、4。

6.同4。

7.將編織線分成3條一組，穿過串珠後打單結。

圖2

將三線編法部分彎成圈環，打1次單結

串珠

中心線

在線A上穿入串珠，以其他的線作為中心線，打環狀結。

A

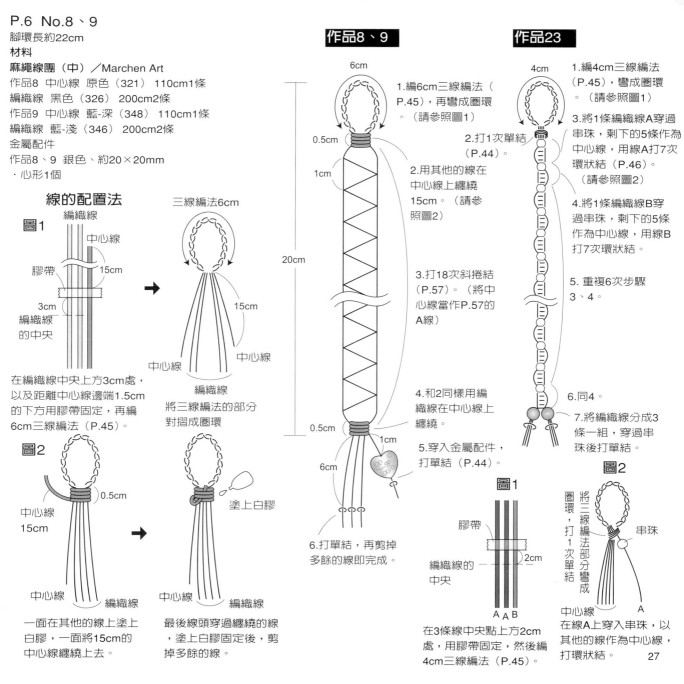

27

P.7 No.10、11
項鍊長約62cm
材料
麻繩線團（細）／Marchen Art
作品10 中心線 淺桃紅（342）90cm3條
編織線A 原色（321）300cm1條
編織線B 淺桃紅（342）80cm1條
作品11 中心線 深褐色（324）90cm3條
編織線A 原色（321）300cm1條
編織線B 深褐色（324）80cm1條
木串珠／Marchen Art
作品10 米色・12mm・圓形（MA2202）1顆
褐色・8mm・圓形（2201）4顆
作品11 褐色・12mm・圓形（MA2202）1顆
米色・8mm・圓形（MA2201）4顆

作品10、11

1.用3條中心線打單結（P.44）。

2.中心線穿過木串珠（8mm），3條中心線再打單結。

3.約編10cm三線編法（P.45）。

4.用3條中心線打單結。

5.加上編織線A（請參照圖1），約打10cm平結（P.52）。

6.約打5cm右旋結（P.47）。

7.加上編織線B（請參照圖2），用編織線A、B約打4cm雙層右旋結（P.50的2～）。

8.將3條中心線穿過木串珠（8mm），將線A和B分別為一組，打1次雙層右旋結。

9.將3條中心線穿過木串珠（12mm），打1次雙層右旋結。

10.將3條中心線穿過木串珠（8mm）

11.約打4cm雙層右旋結，留3cm的編織線B後，剪掉多餘的中心線做最後的收尾（請參照圖3）

12.同6。

13.約打10cm平結。

14.剪斷編織線A（用白膠固定），打單結

15.同3。

16.打單結後穿入串珠，再打單結後，剪掉多餘的線。

圖1

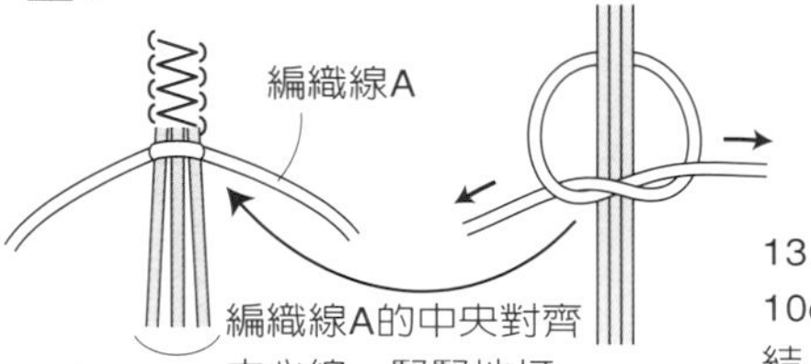

編織線A

中心線

編織線A的中央對齊中心線，緊緊地打個結。

圖2

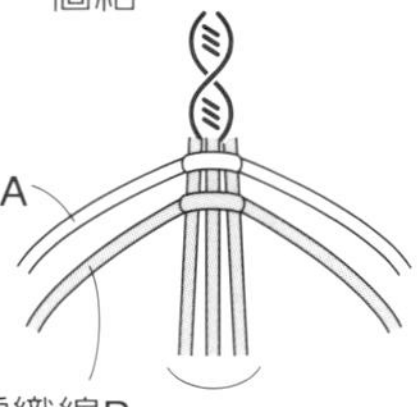

編織線A

編織線B 中心線

編織線B的中央對齊中心線，緊緊地打個結。

圖3

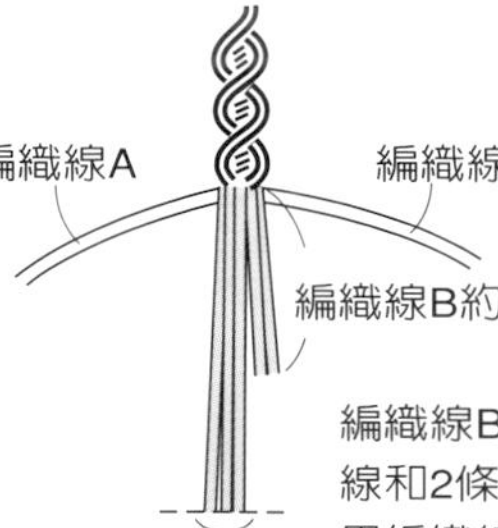

編織線A   編織線A

編織線B約3cm

中心線

編織線B約留3cm，用3條中心線和2條編織線B作為中心線，用編織線A打右旋結。

28

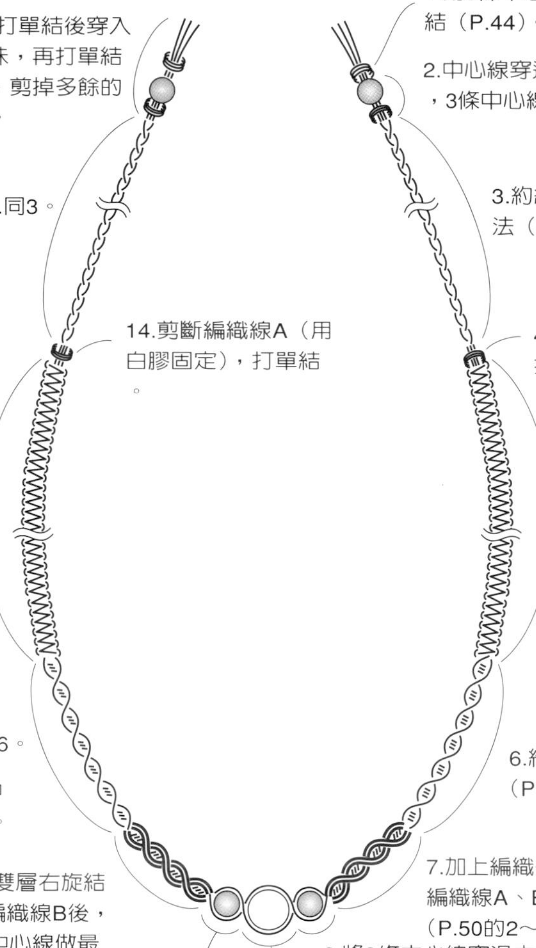

P.8　No.12、13

項鍊　作品12長約31cm、
手環　作品13長約16cm
材料
麻繩線團（細）／Marchen Art
作品12　中心線　原色（361）230cm1條
　　　　編織線　橘色（328）230cm1條
作品13　中心線　原色（361）160cm1條
　　　　編織線　橘色（328）160cm1條

木串珠
作品12　深褐色‧約8mm‧圓形 1顆
作品13　深褐色‧約8mm‧圓形 1顆

P.9　No.14、15

手環　作品14長約20cm、作品15長約17cm
材料
麻繩線團（細）／Marchen Art
作品14　線A　藍-中（347）140cm1條
　　　　線B　苔蘚綠（323）140cm1條
　　　　線C　紫色（344）140cm1條
作品15　線A　紫色（344）130cm1條
　　　　線B　苔蘚綠（323）130cm1條
　　　　線C　藍-中（347）130cm1條
木串珠
作品14　黑色‧10mm‧圓形 1顆　作品15　黑色‧10mm‧圓形 1顆

作品12、13

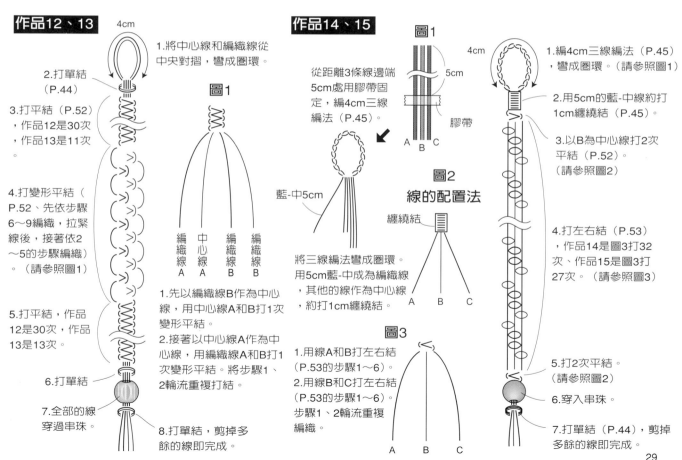

4cm

1.將中心線和編織線從中央對摺，彎成圈環。

2.打單結（P.44）

3.打平結（P.52），作品12是30次，作品13是11次。

4.打變形平結（P.52、先依步驟6～9編織，拉緊線後，接著依2～5的步驟編織）。（請參照圖1）

5.打平結，作品12是30次，作品13是13次。

6.打單結

7.全部的線穿過串珠。

圖1

編織線A　中心線A　編織線B　編織線B

1.先以編織線B作為中心線，用中心線A和B打1次變形平結。
2.接著以中心線A作為中心線，用編織線A和B打1次變形平結。將步驟1、2輪流重複打結。

8.打單結，剪掉多餘的線即完成。

作品14、15

圖1

4cm
5cm
A　B　C
膠帶

從距離3條線邊端5cm處用膠帶固定，編4cm三線編法（P.45）。

藍-中5cm

將三線編法彎成圈環。用5cm藍-中成為編織線，其他的線作為中心線，約打1cm纏繞結。

圖2
線的配置法

纏繞結

A　B　C

圖3

1.用線A和B打左右結（P.53的步驟1～6）。
2.用線B和C打左右結（P.53的步驟1～6）。步驟1、2輪流重複編織。

A　B　C

1.編4cm三線編法（P.45），彎成圈環。（請參照圖1）

2.用5cm的藍-中線約打1cm纏繞結（P.45）。

3.以B為中心線打2次平結（P.52）。（請參照圖2）

4.打左右結（P.53），作品14是圖3打32次、作品15是圖3打27次。（請參照圖3）

5.打2次平結。（請參照圖2）

6.穿入串珠。

7.打單結（P.44），剪掉多餘的線即完成。

腳環 作品16長約25cm、手環 作品17、18、20長約16cm

材料

麻繩線團（中）／Marchen Art

作品16 中心線A 原色（321） 100cm3條
中心線B 原色（321） 70cm1條
編織線A 原色（321） 200cm1條
編織線B 紫紅色（335） 50cm1條
編織線C 萊姆綠色（336） 50cm1條
編織線D 淺藍綠色（337） 50cm1條
編織線E 淺藍綠色（337） 100cm1條
作品17 中心線A 原色（321） 80cm3條
中心線B 原色（321） 50cm1條
編織線A 紫紅色（335） 160cm1條
編織線B 萊姆綠色（336） 40cm1條
編織線C 淺藍綠色（337） 40cm1條
編織線D 原色（321） 40cm1條
編織線E 萊姆綠色（336） 100cm1條
作品18 中心線A 原色（361） 80cm3條
中心線B 原色（361） 50cm1條
編織線A 紫紅色（335） 160cm1條
編織線B 淺桃紅（342） 40cm1條
編織線C 暗紅色（343） 40cm1條
編織線D 原色（361） 40cm1條
編織線E 淺桃紅（342） 100cm1條
作品20 中心線A 原色（361） 80cm6條
中心線B 原色（361） 50cm1條
編織線A 淺藍綠色（337） 160cm1條
編織線B 藍色（325） 40cm1條
編織線C 藍-淺（346） 40cm1條
編織線D 原色（361） 40cm1條
編織線E 藍-淺（346） 100cm1條
銀質配件／Marchen Art
作品16 加連銀飾（AC783）1個
作品17 加連銀飾（AC779）1個
作品18 加連銀飾（AG785）1個
作品20 加連銀飾（AC778）1個
迷你結飾玻璃串珠
（直徑約5mm孔徑約2mm）／Marchen Art
作品16 水藍色（AC998）9顆
作品17 檸檬黃‧（AC997）6顆 木串珠／Marchen Art
作品18 紅色（AC918）6顆 作品16、17、18、20
作品20 水藍色（AC998）6顆 菱形小串珠‧直9mm橫12mm（MA2223）各1顆

作品16〜18、20

圖1

1.中心線A合攏，從距離邊端1.5cm處的下方編4cm三線編法。（P.45）
2.將三線編法彎成圈環，加入中心線B和編織線B〜D，用中心線B打纏繞結。（P.45）。

中心線A

約1.5cm

中心線B

如圖所示將線分開

保留中心線B不要剪斷

中心線B

中心線2條

中心線和B〜D

編織線A的中央綁在中心線B上

中心線B

中心線A和編織線B〜D

中心線A

編織線E的中央綁在中心線A上

3.用1條中心線B和1條編織線A穿串珠，打1.5cm環狀結

4.重複步驟3。作品16打7次，作品17、18、20打4次。

纏繞結16＝2cm，17、18、20＝1.5cm

5.中心線B穿過串珠，打3cm環狀結

1.用中心線A編4cm三線編法（P.45），加入編織線B〜D，用中心線B打纏繞結。（請參照圖1）

2.用1條編織線A打3cm環狀結（P.46）

8.用中心線A和編織線B〜D編四線編法（P.56），作品16編20cm，作品17、18、20編14cm

6.中心線A和編織線E各1條分在左右兩側，打左右結（P.53）作品16打10cm，作品17、18、20打7cm

7.銀質配件穿入單側，打左右結，作品16打10cm，作品17、18、20打17cm

9.分別打單結（P.44），用白膠固定，除中心線之外，其餘的線都剪斷。

1.5cm

P.11 No.19、21

手環長約17.5cm

材料

麻繩線團（細）／Marchen Art

作品19 中心線 粉彩七彩漸層（379）30cm1條
編織線A 粉彩七彩漸層（379）350cm1條
編織線B 紫紅色（335）110cm1條
編織線C 紫紅色（335）80cm1條
編織線D 紫紅色（335）20cm1條
作品21 中心線 原色（321）30cm1條
編織線A 原色（321）350cm1條
編織線B 粉彩七彩漸層（379）110cm1條
編織線C 粉彩七彩漸層（379）80mcm1條
編織線D 粉彩七彩漸層（379）20cm1條

甜甜圈形串珠

作品19 藍色·6mm 3顆、黃·6mm 2顆、綠色·6mm 2顆、
桃紅色·6mm 2顆·紅色·6mm 2顆·紫色·6mm 2顆
作品21 紅色·6mm 1顆、桃紅色·6mm 3顆、
綠色·6mm 2顆、黃色·6mm 2顆、紫色·6mm 2顆、
黃綠色·6mm 2顆、藍色·6mm 1顆

作品12～16

1.在中心線上穿入串珠，再綁上編織線。（請參照圖1）

2.用編織線C打1cm纏繞結（P.45）。（請參照圖2）

3.在中心線上用編織線A打15cm纏繞結。

4.用剩餘的編織線B和C，約編22cm三線編法（P45）。一面編織，一面每隔1.5cm穿入串珠。

1.5cm

作品19＝桃紅色
作品21＝黃色

作品19＝紅色
作品21＝紫色

作品19＝紫色
作品21＝黃色

作品19＝綠色
作品21＝桃紅色

作品19＝紫色
作品21＝黃色

作品19＝紅色
作品21＝藍色

作品19＝桃紅色
作品21＝黃色

作品19＝綠色
作品21＝紫色

5.將三線編法纏繞在纏繞結上。

6.將三線編法彎成圈環，用編織線D打纏繞結即完成。（請參照圖3）

1cm

4cm

圖1

1.在中心線上穿入串珠，單側中心線保留1.5cm後打個單結。

19＝藍色
21＝紅色
19＝藍色
21＝桃紅色
19＝黃色
21＝綠色

19＝藍色
21＝桃紅色
19＝黃色
21＝綠色

1.5cm

2.用編織線B在中心線上打單結

中心線

圖2

約1.5cm

編織線C

編織線B

中心線

用編織線C打纏繞結，保留編織線C，不要剪掉。

圖3

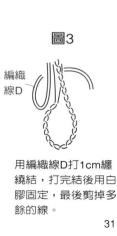

編織線D

用編織線D打1cm纏繞結，打完結後用白膠固定，最後剪掉多餘的線。

P.12 No.24、25

手環 作品22長約17.5cm、戒圍 作品23約7cm

材料

麻繩線團（細）／Marchen Art

作品24 線A 原色（361）180cm1條

線B 紫紅色（335）100cm1條

作品25 線A 原色（361）90cm1條

線B 紫紅色（335）70cm1條

貓眼串珠

作品24 桃紅色・4mm・圓形 3顆

白色・6mm・圓形 4顆

作品25 桃紅色・4mm・圓形 2顆

白色・6mm・圓形 1顆

P.12 No.22、23

手環 作品24長約17cm、指圍 作品25約6cm

材料

麻繩線團（細）／Marchen Art

作品22 中心線 暗紅色（343）70cm1條

編織線 暗紅色（343）110cm1條

作品23 編織線A 暗紅色（343）90cm2條

編織線B 紅色（329）90cml條

玻璃串珠

作品22 透明・2～2.2mm 5顆

作品23 透明・2～2.2mm15顆

木串珠

作品23 米色・8mm・圓形2顆

23的作法
在P.27

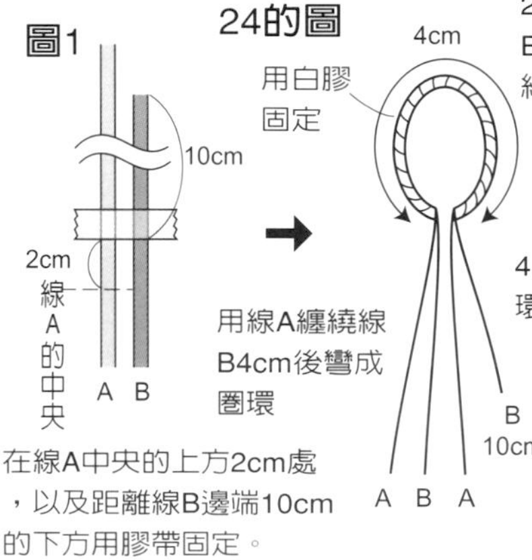

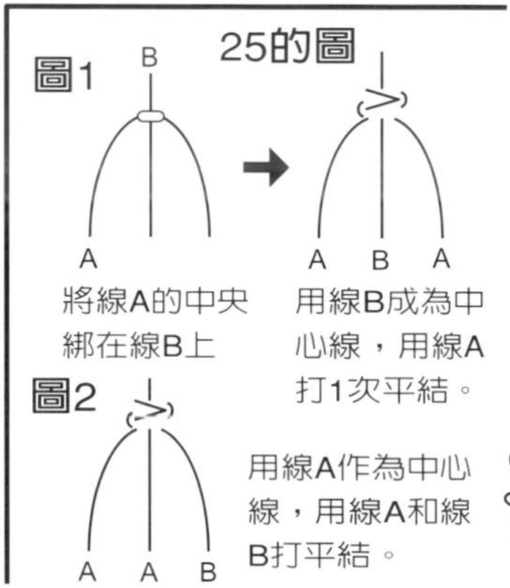

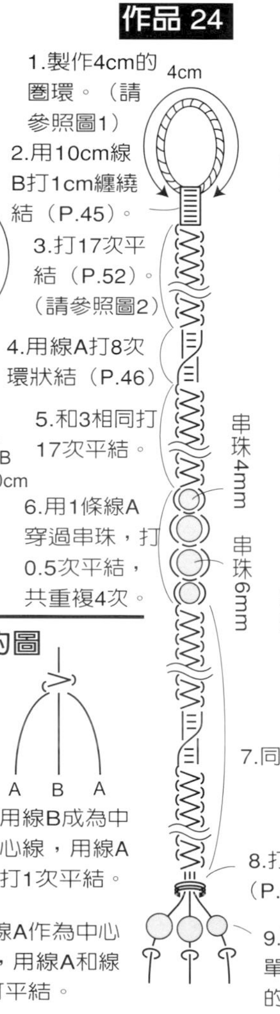

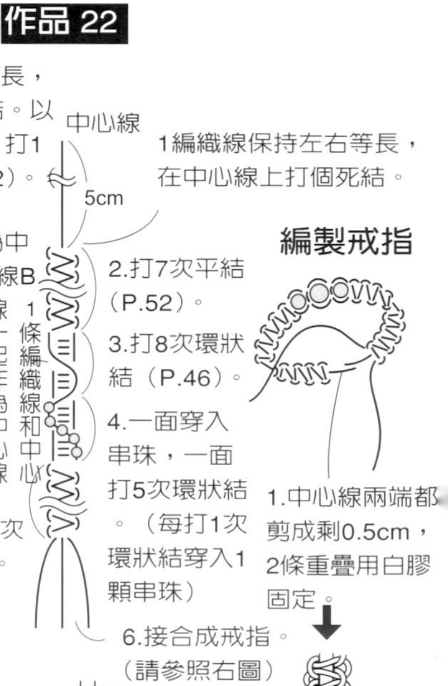

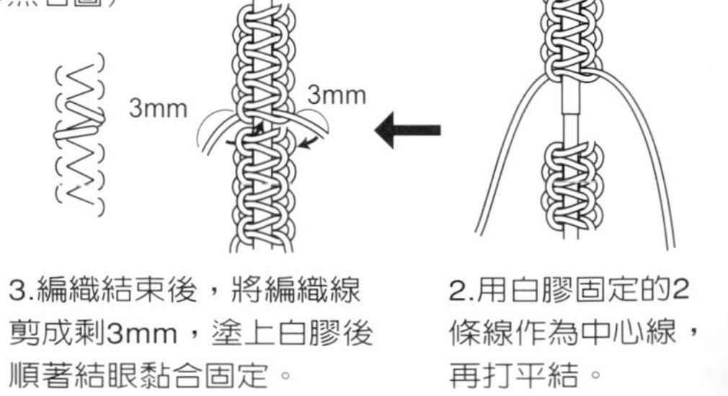

作品 24

圖1

用白膠
固定

10cm

2cm
線
A
的
中
央

A B

在線A中央的上方2cm處，以及距離線B邊端10cm的下方用膠帶固定。

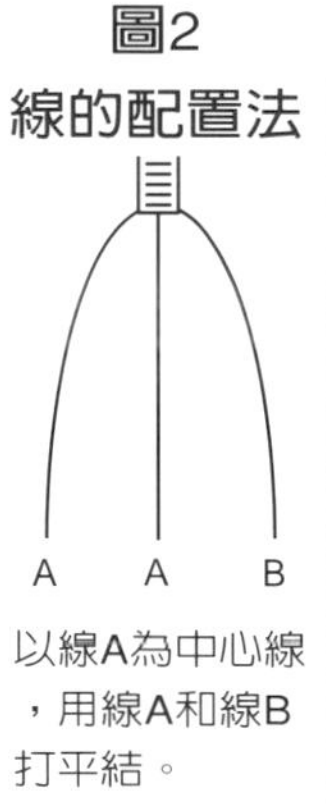

24的圖

4cm

用線A纏繞線B4cm後彎成圈環

A B A

1. 製作4cm的圈環。（請參照圖1）

2. 用10cm線B打1cm纏繞結（P.45）。

3. 打17次平結（P.52）。（請參照圖2）

4. 用線A打8次環狀結（P.46）

5. 和3相同打17次平結。

6. 用1條線A穿過串珠，打0.5次平結，共重複4次。

B
10cm
A B A

7. 同3～5。

8. 打1次單結（P.44）。

9. 穿入串珠後打單結，剪掉多餘的線即完成。

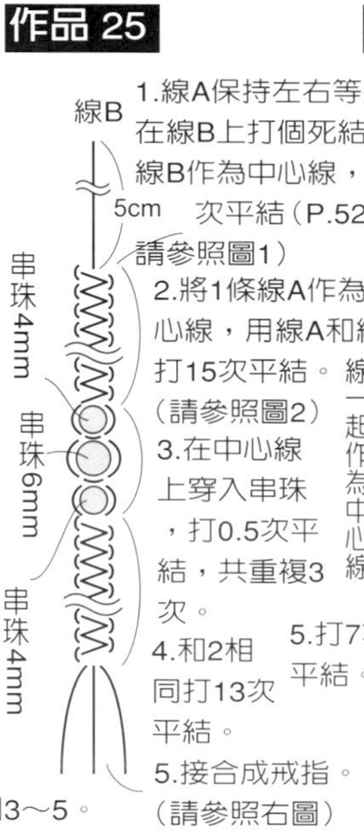

圖2

線的配置法

B

A A B

以線A為中心線，用線A和線B打平結。

25的圖

圖1

B

A A B

將線A的中央綁在線B上

圖2

A B A

用線B成為中心線，用線A打1次平結。

用線A作為中心線，用線A和線B打平結。

作品 25

線B

5cm

串珠4mm

串珠6mm

串珠4mm

A B A

1. 線A保持左右等長，在線B上打個死結。以線B作為中心線，打1次平結（P.52）。請參照圖1）

2. 將1條線A作為中心線，用線A和線B打15次平結。（請參照圖2）

3. 在中心線上穿入串珠，打0.5次平結，共重複3次。

4. 和2相同打13次平結。

5. 接合成戒指。（請參照右圖）

作品 22

中心線

5cm

串珠4mm

串珠6mm

串珠4mm

線、1條編織線和中心線一起作為中心線

1編織線保持左右等長，在中心線上打個死結。

2. 打7次平結（P.52）。

3. 打8次環狀結（P.46）。

4. 一面穿入串珠，一面打5次環狀結。（每打1次環狀結穿入1顆串珠）

5. 打7次平結。

6. 接合成戒指。（請參照右圖）

編製戒指

1. 中心線兩端都剪成剩0.5cm，2條重疊用白膠固定。

3mm   3mm

3mm   3mm

2. 用白膠固定的2條線作為中心線，再打平結。

3. 編織結束後，將編織線剪成剩3mm，塗上白膠後順著結眼黏合固定。

32

腳環　長約22cm

材料

麻繩線團（細）／Marchen Art

作品26　編織線A　紅色（329）　170cm1條

編織線B　原色（321）　170cm1條

編織線C　淺褐色（322）　170cm1條

編織線D　深褐色（324）　170cm1條

作品27　編織線A　淺桃紅（342）　170cml條

編織線B　紫紅色（335）　170cm1條

編織線C　金黃色（341）　170cm1條

編織線D　原色（321）　170cm1條

木串珠

作品26　白色・4mm・圓形　8顆

深褐色・約7mm・筒形　4顆

深褐色・約9mm・橘子形　1顆

作品27　褐色・4mm・圓形　8顆

白色・約7mm・筒形　4顆

白色・約9mm・橘子形　1顆

作品26、27

圖3

用線A打纏繞結

0.5cm

用線A以外的編織線作為中心線，剪掉多餘的線。

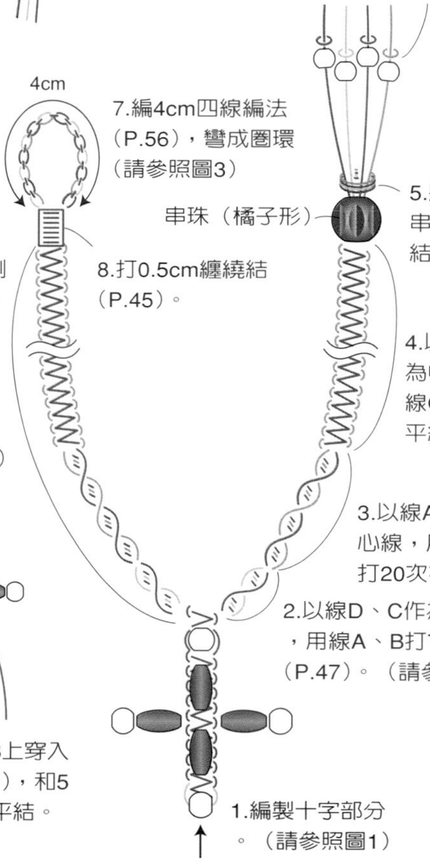

編4cm四線編法，再彎成圈環。

6.穿入串珠後打單結，最後剪掉多餘的線。

5.將4條線穿過串珠，再打單結（P.44）

4cm

7.編4cm四線編法（P.56），彎成圈環（請參照圖3）

串珠（橘子形）

左側和右側一樣編織。

8.打0.5cm纏繞結（P.45）。

4.以線A、B作為中心線，用線C・D打33次平結。

3.以線A、B作為中心線，用線C・D打20次右旋結。

2.以線D、C作為中心線，用線A、B打7次右旋結（P.47）。（請參照圖2）

1.編製十字部分。（請參照圖1）

開始

圖1

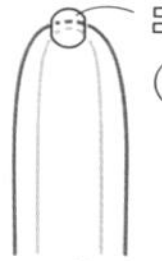

串珠（圓形）

串珠（筒形）

B　A

B　A

1.在線A、B的中央穿入串珠（圓形）。

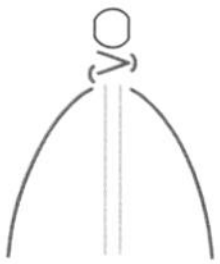

2.以2條線B作為中心線打2次平結（P.52）。

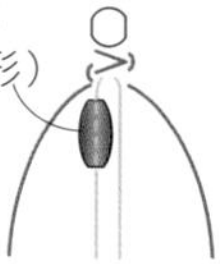

3.在1條線B上穿入串珠（筒形）。

4.將穿入串珠（筒形）的線B往上拉。

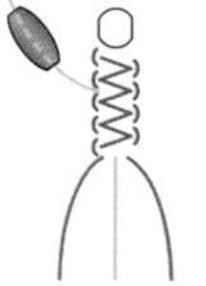

5.以沒穿串珠的1條線B作為中心線，打7次平結。

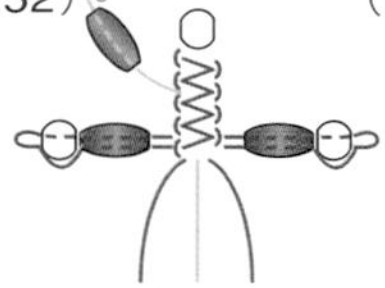

6.在左右的線A上，分別穿入筒形和圓形串珠。

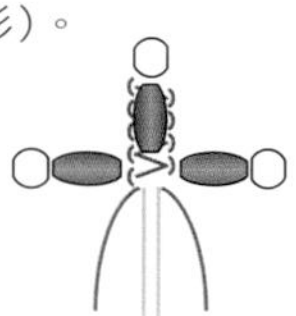

7.用2條線B作為中心線，打2次平結。

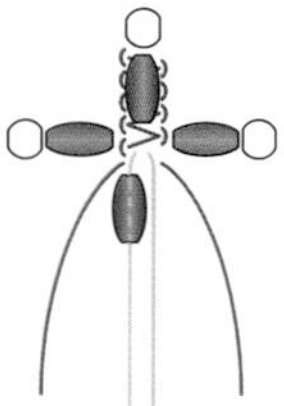

8.在1條線B上穿入串珠（筒形），和5相同打7次平結。

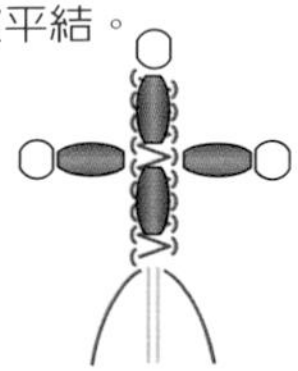

圖2

A　中心線　B　D　中心線　B

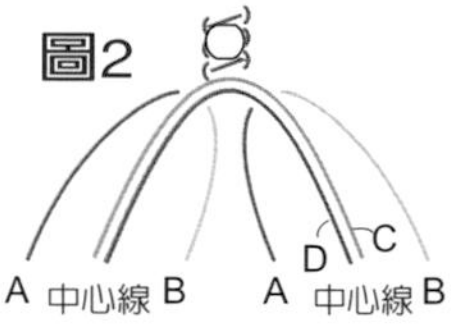

加上線C、D作為中心線，左右分別打7次右旋結

9.以2條線B作為中心線，打2次平結。

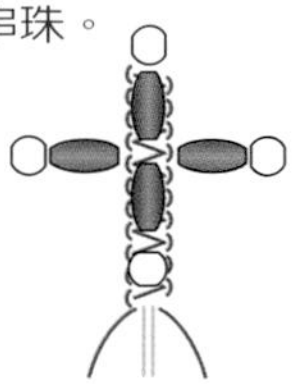

10.用2條線B穿入串珠（圓形），打1次平結。

33

>>>40.41

以細密的環狀結編製的腳環
，兩條一起配戴也超很別緻
，上面的金屬串珠，是作品
的一大特色！

Hemp→環狀結

handmade by 西村明子
作法 P.35

⑩

㊶

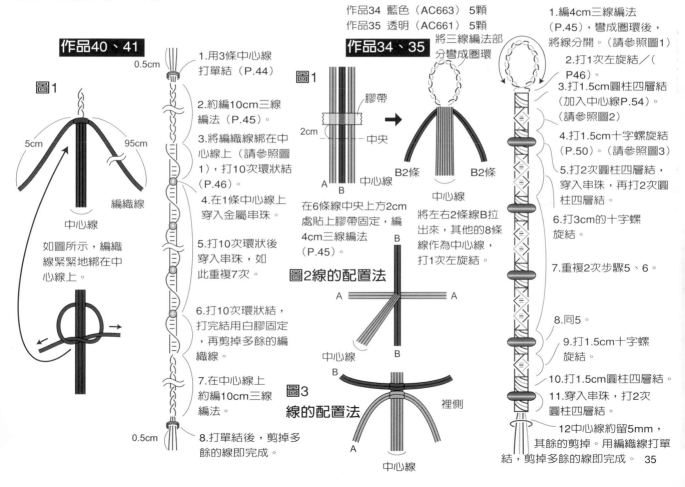

腳環長約40cm

材料

麻繩（中）／Hamanaka

作品40　中心線　褐色（F-10、col.4）　50cm3條

編織線　褐色（F-10、col.4）　100cm1條

作品41　中心線　藏青色（F-10、col.9）　50cm3條

編織線　藏青色（F-10、col.9）　100cm1條

金屬串珠

作品40　古金色・約4mm 8顆

作品41　古銀色・約4mm 8顆

手環長約21cm

材料

麻繩線團（細）／Marchen Art

作品34　中心線　原色（361）　60cm2條

編織線A　原色（361）　180cm2條

編織線B　藍-深（348）　180cm2條

作品35　中心線　黑色（326）　60cm2條

編織線A　紅色（329）　180cm2條.

編織線B　黑色（326）　180cm2條

玻璃環形小串珠（直徑約12mm 孔徑約4mm）／Marchen Art

作品34　藍色（AC663）　5顆

作品35　透明（AC661）　5顆

作品40、41

0.5cm

圖1

5cm　　95cm

中心線

編織線

如圖所示，編織線緊緊地綁在中心線上。

1.用3條中心線打單結（P.44）

2.約編10cm三線編法（P.45）。

3.將編織線綁在中心線上（請參照圖1），打10次環狀結（P.46）。

4.在1條中心線上穿入金屬串珠。

5.打10次環狀結後穿入串珠，如此重複7次。

6.打10次環狀結，打完結用白膠固定，再剪掉多餘的編織線。

7.在中心線上約編10cm三線編法。

0.5cm

8.打單結後，剪掉多餘的線即完成。

作品34、35

圖1

膠帶

2cm

中央

A

B

中心線

在6條線中央上方2cm處貼上膠帶固定，編4cm三線編法（P.45）。

將三線編法部分彎成圈環

B2條　　B2條

中心線

將左右2條線B拉出來，其他的8條線作為中心線，打1次左旋結。

圖2 線的配置法

中心線　　B

　　　　A　　　　A

　　　　B

圖3 線的配置法

B

中心線

A　　　　裡側

中心線

1.編4cm三線編法（P.45），彎成圈環後，將線分開。（請參照圖1）

2.打1次左旋結／（P.46）。

3.打1.5cm圓柱四層結（加入中心線P.54）。（請參照圖2）

4.打1.5cm十字螺旋結（P.50）。（請參照圖3）

5.打2次圓柱四層結，穿入串珠，再打2次圓柱四層結。

6.打3cm的十字螺旋結。

7.重複2次步驟5、6。

8.同5。

9.打1.5cm十字螺旋結。

10.打1.5cm圓柱四層結。

11.穿入串珠，打2次圓柱四層結。

12.中心線約留5mm，其餘的剪掉。用編織線打單結，剪掉多餘的線即完成。

VIVA! SOCCER!

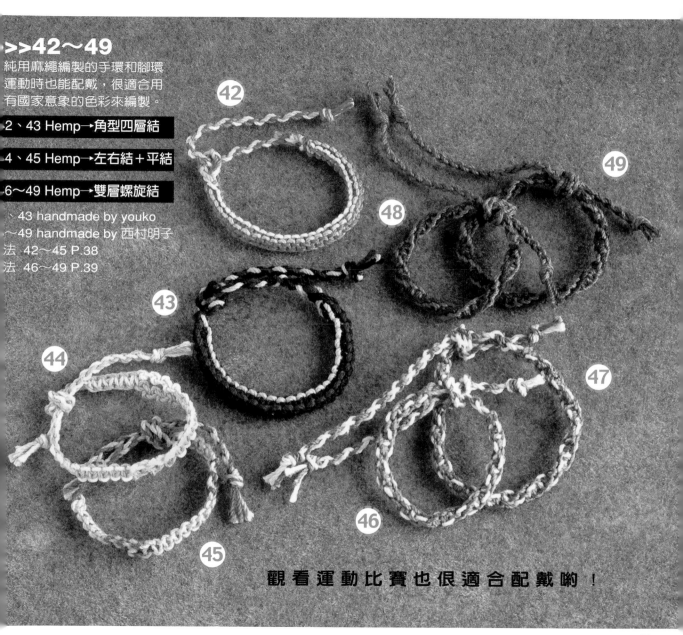

>>42～49

純用麻繩編製的手環和腳環
運動時也能配戴，很適合用
有國家意象的色彩來編製。

2、43 Hemp→角型四層結

4、45 Hemp→左右結＋平結

6~49 Hemp→雙層螺旋結

、43 handmade by youko
~49 handmade by 西村明子
法 42~45 P.38
法 46~49 P.39

觀 看 運 動 比 賽 也 很 適 合 配 戴 喲 ！

P.37 No.42

手環長約30cm

材料

麻繩線團（中）／Marchen Art
線A 藍綠色（330）210cm2條
線B 淺綠綠色（337）210cm1條
線C 原色（321）210cm1條

P.37 No.43

手環長約30cm

材料

麻繩（中）／Hamanaka
線A 黑色（F-20、col.10）210cm2條
線B 黃色（F-10、col.7）210cm1條
線C 紅色（F-10、col.8）210cm1條

圖1

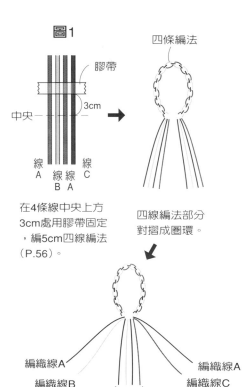

在4條線中央上方3cm處用膠帶固定，編5cm四線編法（P.56）。

四線編法部分對摺成圈環。

編織線A　編織線A
編織線B　編織線C
中心線　將線分開

作品42、43

1.編5cm四線編法（P.56），彎成圈環，再將線分開。（請參照圖1）

5cm

2.編織線A、B和編織線A、C各為一組，編1次左旋結（P.46）。

3.約打16cm角型四層結（加入中心線P.55）（請參照圖2）

4.剪斷4條中心線，用白膠固定。

5.約打14cm四線編法。

6.打單結（P.44），剪掉多餘的線即完成。

線的配置法

圖2

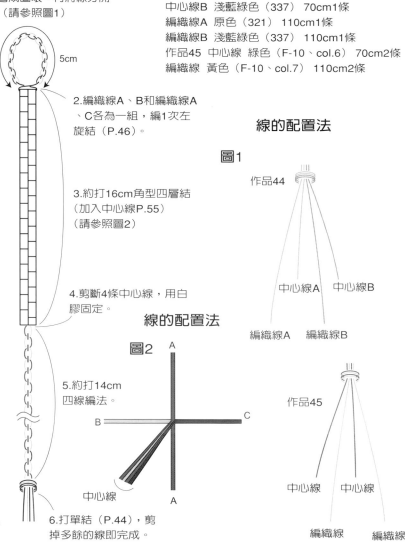

A
B ———— C
A

中心線

P.37 No.44、45

手環長約33cm

材料

麻繩（中）／Hamanaka
作品44 中心線A 原色（321）70cm1條
中心線B 淺藍綠色（337）70cm1條
編織線A 原色（321）110cm1條
編織線B 淺藍綠色（337）110cm1條
作品45 中心線 綠色（F-10、col.6）70cm2條
編織線 黃色（F-10、col.7）110cm2條

線的配置法

圖1

作品44

中心線A　中心線B

編織線A　編織線B

作品45

中心線　中心線

編織線　編織線

作品44、45

1.5cm

1.用4條線打單結（P.44），再將線配置好。（請參照圖1）

2.約打10cm四線編法（P.56）。

3.用編織線打5次平結（P.52）。

4.將各色線為一組，分別打3次左右結（P53）。

5.用編織線打7次平結。

6.同3、4。

7.編10cm四線編法。

8.打單結，剪掉多餘的線即完成。

P.37　No.46～49

手環 作品46、48長約36cm　腳環 作品47、49長約46cm

材料

麻繩線團（中）／Marchen Art

作品46 中心線A 橘色（328）800m1條
中心線B 原色（321）80cm1條
編織線A 橘色（328）150cm1條
編織線B 原色（321）150cm1條
編織線C 橘色（328）200cm1條
作品47 中心線A 橘色（328）90cm1條
中心線B 原色（321）90cm1條
編織線A 橘色（328）160cm1條
編織線B 原色（321）160cm1條
編織線C 橘色（328）220cm1條

作品48 中心線 藍-中（347）80cm2條
編織線A 藍-中（347）150cm2條
編織線C 紅色（329）200cm1條
作品49 中心線 藍-中（347）90cm2條
編織線A 藍-中（347）160cm2條
編織線C 紅色（329）220cm1條

作品46～49

1cm

1.用編織線C以外的4條線打單結（P44），將線配置好。（請參照圖1）

2.約打10cm四線編法（P.56）。

3.加上編織線C（請參照圖2），打雙層左旋結（P.48）
作品46、48約打15cm、作品47、49約打20cm。

4.剪掉編織線C，用白膠固定。

5.約打10cm四線編法。

6.打單結，剪掉多餘的線即完成。

線的配置法

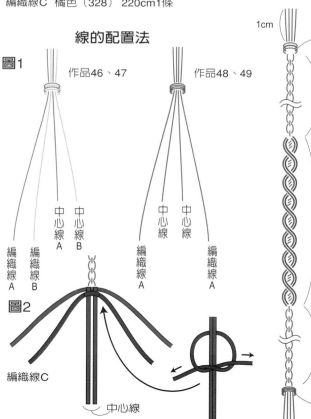

圖1

作品46、47　　　作品48、49

中心線A　中心線B　　中心線　　中心線
編織線A　編織線B　　編織線A　　編織線A

圖2

編織線C

中心線

將編織線C的中央緊緊地綁在中心線上

項鍊長約60cm

材料

麻繩線團（細）／Marchen Art
中心線 原色（361） 100cm3條
編織線A 原色（361） 400cm2條
編織線B 黑色（326） 400cm2條
木串珠／Marchen Art
黑色・8mm・圓形（MA2201）2顆
銀質配件／Marchen Art
加連銀飾（AC788） 1顆
加連銀飾（AC772） 6顆
加連銀飾（AC771） 1顆
水滴形墜飾（長約30mm 孔徑約4mm）／Marchen Art
透明（AC671）1個

作品33

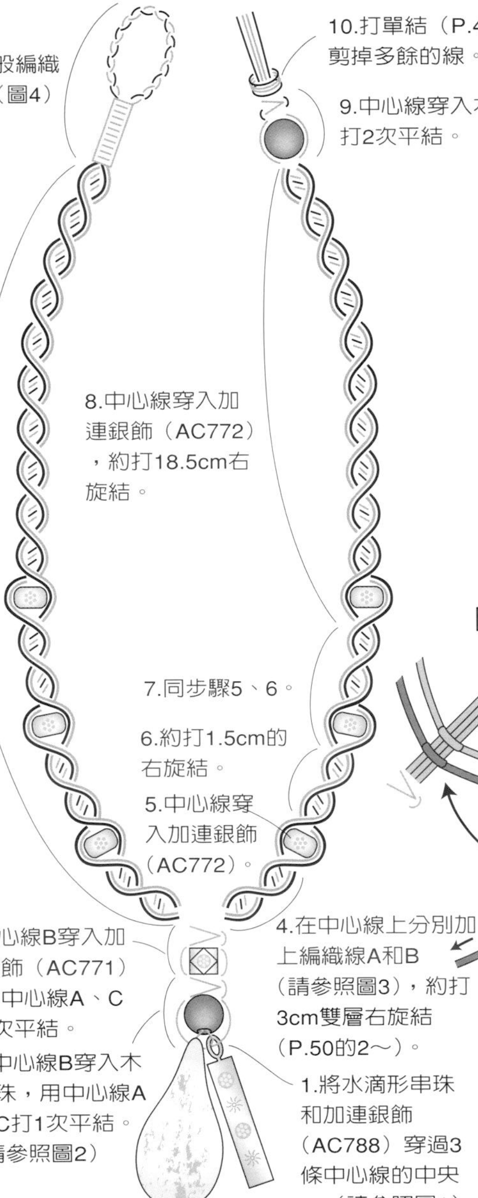

11.如圖所示般編織好後即完成（圖4）

10.打單結（P.44），剪掉多餘的線。

9.中心線穿入木串珠，打2次平結。

※右側打雙層右旋結，左側和右側同樣編法打雙層左旋結（P.48的8～）

8.中心線穿入加連銀飾（AC772），約打18.5cm右旋結。

圖3

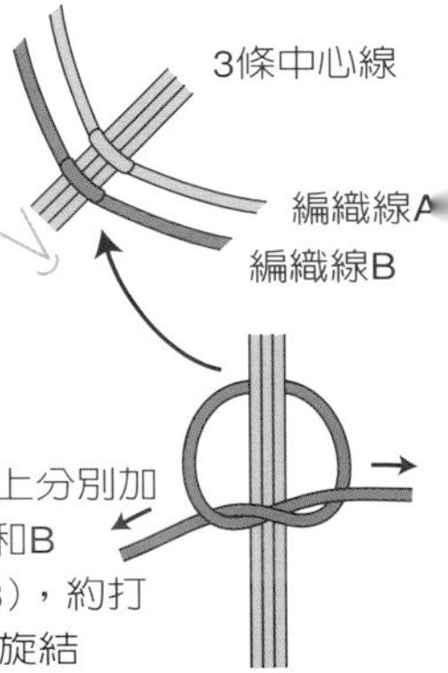

3條中心線

編織線A
編織線B

編織線的尖緊緊地綁在中心線上

7.同步驟5、6。

6.約打1.5cm的右旋結。

5.中心線穿入加連銀飾（AC772）。

4.在中心線上分別加上編織線A和B（請參照圖3），約打3cm雙層右旋結（P.50的2～）。

1.將水滴形串珠和加連銀飾（AC788）穿過3條中心線的中央。（請參照圖1）

圖4

三線編法約3cm

三線編法約2cm

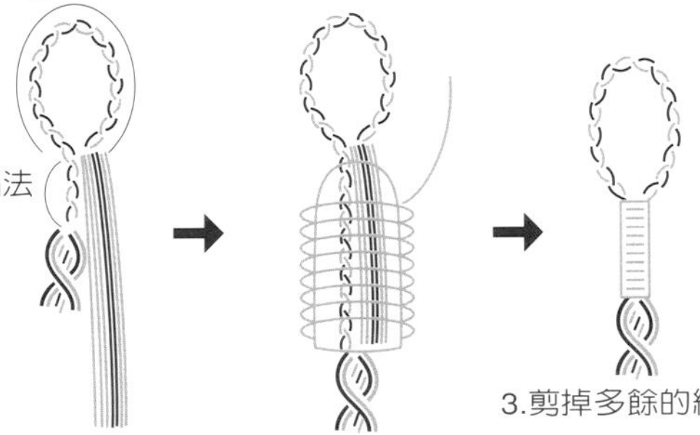

3.剪掉多餘的線即完成。

1.用3條中心線、2條編織線A和2條編織線B打三線編法（P.45）。

2.用1條中心線作為編織線，其他的線作為中心線，約打2cm纏繞結（P45）。

3.中心線B穿入加連銀飾（AC771），用中心線A、C打1次平結。

2.中心線B穿入木串珠，用中心線A、C打1次平結。（請參照圖2）

圖1

在3條中心線的中央穿入水滴形墜飾和加連銀飾（AC788）。

圖2

C A B

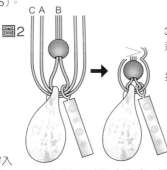

中心線B穿入木串珠，用中心線A、C打1次平結。

開始

Lesson 4 一起來創作麻繩飾品吧！

＊材料和工具＊

主要材料

麻繩……是以純大麻捻製成的繩線，分為極細、細、中、粗等各種粗細。依製造廠商不同，所製作出的繩線質感和粗細也不同，可視個人喜好選擇適合的種類使用。

結飾串珠……這種結飾用串珠的孔較大，能穿入多條繩線。

木串珠……這種串珠可作為飾品的固定用擋珠，十分方便好用。

加連銀飾……這是泰國加連族（karean）手工製作純度達92.5%銀飾，它源於西元前，歷史相當悠久，圖騰和形狀具有特殊意涵，有驅魔避邪的作用，可作為護身符配戴。

主要工具

剪刀……選擇銳利的手工藝用剪刀，會更順手好用。

手藝用白膠……為避免繩結鬆脫，最後可用白膠黏合固定打結處。

膠帶……編製飾品時，膠帶可用來固定開始編織的繩線，穿入串珠後，也可用來固定線頭。

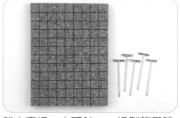

軟木塞板、大頭針……編製飾品時，用它們來固定繩線，非常方便。

完美飾品的編織訣竅

・請準備長一點的線。
編織飾品時如果中途線不夠長，就無法完成編織。雖然每件作品都有標明材料分量，但因每個人編織的方式和尺寸都不同，所需的繩線長度多少也會有差異，所以以編織時請務必準備長一點的線。

・用相同的力道編織
將線往左右拉，或編環狀結、四層結時，要保持力道一致，這樣完成的飾品才會均勻漂亮，而且還要注意每次都要將線拉緊。

・編織途中讓結眼緊密靠攏
每打5個結就整理結眼使其緊密靠攏，作品才會美觀。

●從邊端開始編織 1

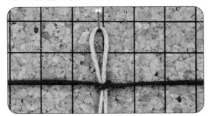

將中心線對摺成圈環，編織線的中央點放在圈環下方，綁住中心線打個結。中途要加編織線時，也常使用這種方法。

●從邊端開始編織 2　這兩種編法主要是用在有圈環的作品。

1　中心線和編織線對齊合攏，從中心開始採取三線編法，編製成圈環的部分。

2　將三線編的部分對摺成圈環，繼續以編織線編織。

●從中央開始編織　這種編法主要是用在左右對稱的作品。

1　將中心線、編織線合攏穿入串珠中，讓線的中央位於孔中。

2　單側打個鬆結暫放，從沒打結的那端開始編織。

如何穿入串珠中

●使用膠帶

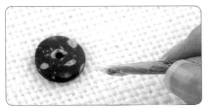

讓線的前端稍微參差不齊，用膠帶捲包變細後，一面轉動串珠一面穿入，這樣就很容易穿入。

●夾在兩線之間

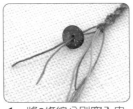

1　將2條線分別穿入串珠中。

2　接著將要穿入的第3條線，夾在已穿過的2條線之間。

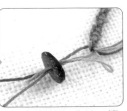

3　向前拉動2條線，第3條線就能一起穿過串珠了。

＊ 金屬配件 ＊

單圈、橢圓單圈
它們可用來接合金屬配件或零件。

鎖頭
是用來固定繩線等線頭的金屬配件。

＊ 工具 ＊

尖嘴鉗
尖嘴鉗可用來摺彎鐵絲尖端，或接合單圈和橢圓單圈，也能用鉗口內側剪斷鐵絲。

圓嘴鉗
要摺彎鐵絲尖端，及接合單圈和橢圓單圈時也可用圓嘴鉗，它的鉗口尖端是呈圓形。

＊ 金屬配件的用法 ＊

單圈、橢圓單圈　　　它們主要是用來接合配件，例如，接合鍊子和水滴片等。

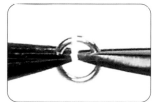

1 用2把尖嘴鉗（或圓嘴鉗）從左右夾住單圈（或橢圓單圈，以下均同），讓單圈的接口朝上。

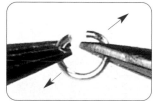

2 將左邊的鉗子往前扭、右邊的往後扭，使單圈的接口前後錯開。

3 圖中右側的才是正確的扭開狀態，不能像左側那樣往左右拉開。

4 鍊子和水滴片套入接口後，左邊的鉗子往後扭，右邊的往前扭，讓接口緊密閉合。

鎖頭

這是固定繩線等線頭的金屬配件，有各種不同的款式，可依設計和要固定的繩線種類，選擇適合的使用。

1 在綻線的線頭，塗上少量的白膠。

2 在鎖頭上放上線頭，兩側分別用尖嘴鉗夾緊。

3 這是鎖頭夾住線頭的狀態。

基本編法

單結

常運用於編織結束時的編法。

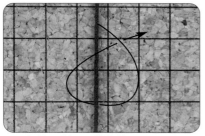

1　如箭頭所示，將線繞一圈後打結。

2　拉緊線的兩端。

3　完成圖。

雙圈結

以打單結的要領，纏繞2圈後打結。

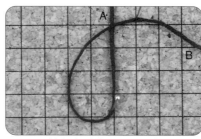

1　用B端在左側繞個圈環，將線放在A端上面。

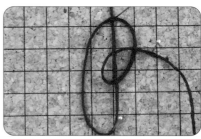

2　將B端繞過A端下方穿出，纏繞1圈。

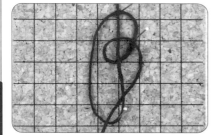

3　將B端再繞過A端下方，從1完成的圈環中穿出，然後拉緊AB兩端。

4　完成圖。

要調整手環長度時這種編法非常方便

在手環的單側（A）打雙圈結，另一側（B）穿過結眼，拉緊結眼後，拉動線（B）就能輕鬆調整長度。

三線編法

常用來編製項鍊或手環的圈環部分。

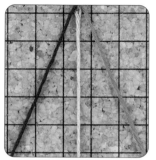

1 準備3條約比完成長度長1.5倍的線。

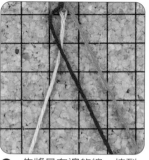

2 先將最左邊的線，拉到右邊2條線之間。

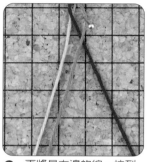

3 再將最右邊的線，拉到左邊2條線之間。

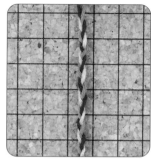

4 重複步驟2～3。

纏繞結

這是用編織線纏繞中心線的編法。

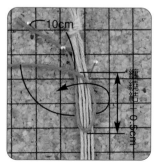

1 將編織線的線頭與中心線合攏，前端留10cm長繞成一個圈環，長度等於纏繞結＋0.5cm，與中心線重疊後，用編織線開始纏繞。

2 所需長度纏繞完成後，將編織線穿過圈環。

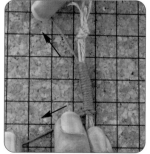

3 將上面預留的編織線往上拉，使下面的圈環縮入纏繞結中，讓結變得緊實固定。

4 剪斷多餘的線頭，結就完成了。

環狀結

這是用2條線編織成螺旋狀結飾的編法。

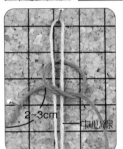

1 用編織線在中心線上打單結,這時編織線的左端,要保留2~3cm的線頭。

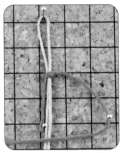

2 將右邊的編織線,放到中心線的上方。

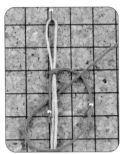

3 再繞過中心線的下方,從右邊編織線的上方穿出。

4 用手同時拉緊左端編織線和中心線,及右邊的編織線。

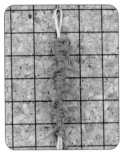

5 重複步驟2~5。

左旋結

這種編法左邊的線都是越過中心線的上方。

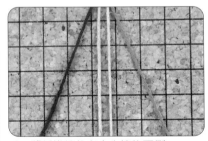

1 將編織線放在中心線的兩側。

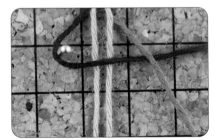

2 將左邊的編織線越過中心線的上方,再從右邊編織線的下方穿出。

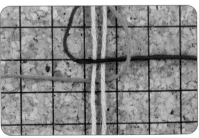

3 將右邊的編織線穿過中心線的下方拉出。

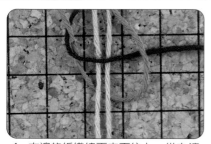

4 右邊的編織線再由下往上，從左邊形成的圈環中穿出。

5 將左右的編織線均衡地往兩側拉緊。

6 重複步驟2～5。

  ## 右旋結

這種編法右邊的線都是越過中心線的上方。

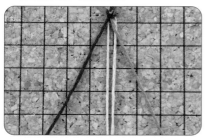

1 將編織線放在中心線的兩側。

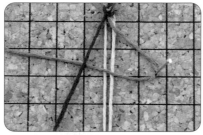

2 將右邊的編織線越過中心線的上方，再從左邊編織線的下方穿出。

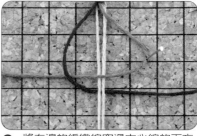

3 將左邊的編織線穿過中心線的下方拉出。

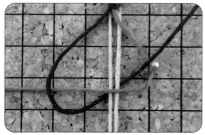

4 左邊的編織線再由下往上，從右邊形成的圈環中穿出。

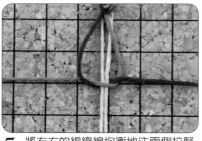

5 將左右的編織線均衡地往兩側拉緊。

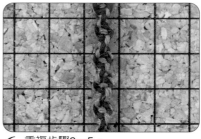

6 重複步驟2～5。

雙層左旋結

使用4條線編織的螺旋結，左側的編織線都是越過中心線的上方。

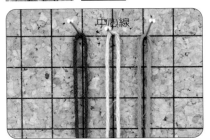

1　準備1條中心線和2條編織線，中心線放在中央，編織線放在兩側。

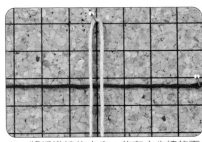

2　將編織線的中央，放在中心線的下方。

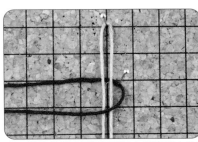

3　將右邊的編織線越過中心線的上方。

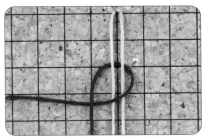

4　從左邊的編織線的下方穿出。

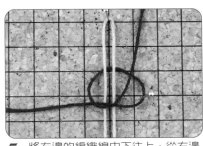

5　將左邊的編織線由下往上，從右邊的圈環中穿出。

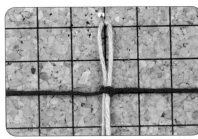

6　將打結的左右編織線，往左右拉緊。

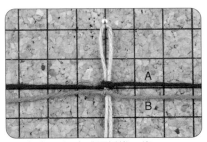

7　以相同的方式再編織一條。

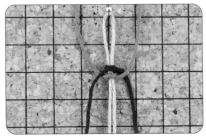

8　將右邊的編織線A穿過B線下方，左邊的越過B線的上方。

9　用編織線A開始打左旋結。將左邊的編織線A越過中心線上方，從右邊編織線的下方穿出。

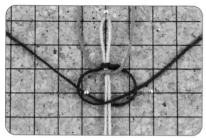

10 將右邊的編織線穿過中心線下方，由下往上從左邊的圈環中穿出。

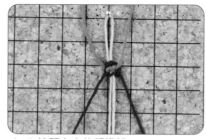

11 拉緊左右的編織線。

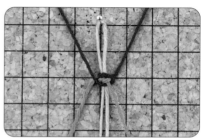

12 將右邊的編織線B越過A線上方，左邊的則穿過A線下方。

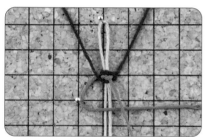

13 用編織線B開始打雙層左旋結。將左邊的線越過中心線上方，從右邊的線下方穿出。

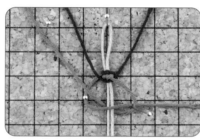

14 將右邊的線穿過中心線下方，由下往上從左邊的圈環中穿出。

15 拉緊左右的編織線。

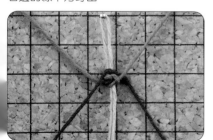

16 編織線AB各打2次結之後，將線一面交換往上拉，一面重複步驟8～15。

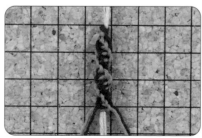

17 打5、6次結之後，用手拉住中心線，將結眼往上推，讓結的間距保持平均。

雙層右旋結

用打雙層左旋結相同的要領，
編織右旋結。

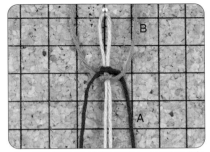

1 先用雙層左旋結步驟1～7相同的方法（P.48）編織。右邊的A線是在B的下方，左邊是在B的上方。

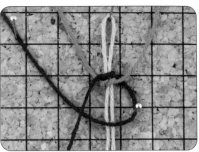

2 用編織線A開始打右旋結，將右邊的編織線越過中心線上方，從左邊編織線的下方穿出。

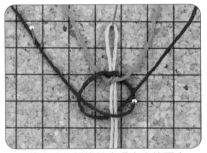

3 將左邊的編織線穿過中心線下方，由下往上從右邊的圈環中穿出。

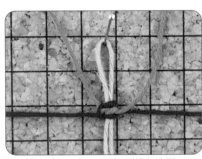

4 將打結的左右編織線橫向拉緊。

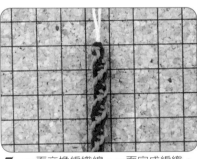

5 一面交換編織線，一面完成編織。

十字螺旋結

它是由左旋結和右旋結交互編
織而成。

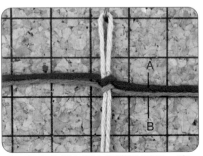

1 在中心線上綁上編織線A和B，讓左右的線保持等長，結眼置於裡側。

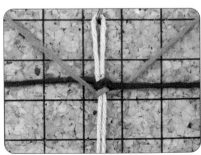

2 右邊的編織線A是放在編織線B的上方，左邊是在B的下方。

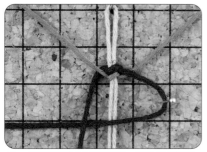

3 用編織線A打右旋結。將右邊的線
越過中心線上方，再從左邊編織線
的下方穿出。

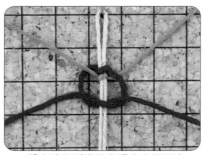

4 將左邊的編織線穿過中心線下方，
由下往上從右邊的圈環中穿出。

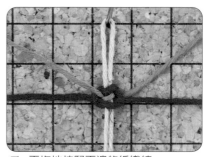

5 平均地拉緊兩邊的編織線。

6 接著將右邊的編織線B放在A線下
方，左邊是放在A線的上方。

7 用編織線B打左旋結。將左邊的線
越過中心線上方，再從右邊編織線
的下方穿出。

8 將右邊的編織線穿過中心線下方，
由下往上從左邊的圈環中穿出。

9 平均地拉緊兩邊的編織線。

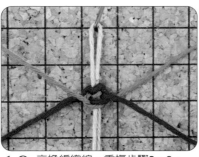

10 交換編織線，重複步驟3～9。

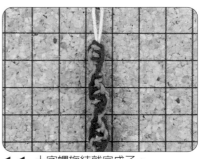

11 十字螺旋結就完成了。

平結

這種編法完成後，結飾呈平坦的帶狀。

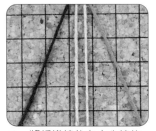

1 將編織線放在中心線的兩側。

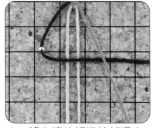

2 將左邊的編織線越過中心線的上方，再從右邊編織線的下方穿出。

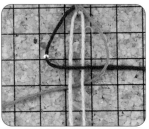

3 將右邊的編織線穿過中心線的下方拉出。

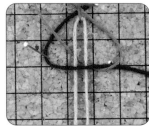

4 將線由下往上，從左邊形成的圈環中穿出。

5 將相互纏繞的左右編織線，稍微往兩側拉緊。

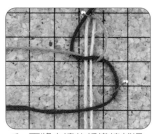

6 再將右邊的編織線越過中心線的上方。

7 將左邊的編織線放在右線的上方。

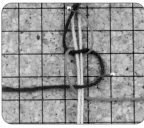

8 左邊的編織線再從中心線下方穿出。

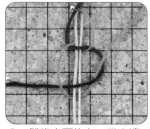

9 然後由下往上，從右邊的圈環中穿出。

10 將相互纏繞的左右編織線橫向拉緊，一次平結就完成了。

11 繼續重複步驟2～10。

12 編好數個結後，用手拉住中心線，將結眼往上推，讓結的間距保持平均。

左右結

將左右的線輪流當作編織線和
中心線的編法。

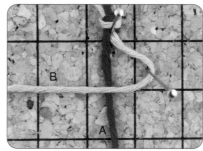

1 以A作為中心線，將B越過A的上
方。

2 再將B穿過A的下方，從右邊形成
的圈環中穿出。

3 將B拉緊。

4 現在以B成為中心線，將A越過B的
上方。

5 再將A穿過B的下方，從左邊形成
的圈環中穿出。

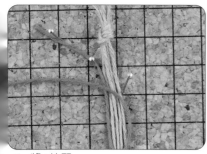

6 將A拉緊。

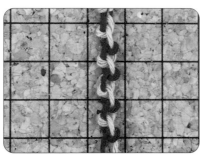

7 重複步驟1～6繼續編織。

圓柱四層結

這種編法結飾會呈圓形的繩索狀。

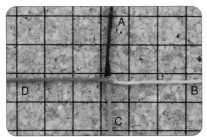

1 將4條線排列成十字的形狀。（這裡為方便讀者了解，每一條線都用不同的顏色。）

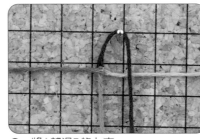

2 將A越過B的上方。

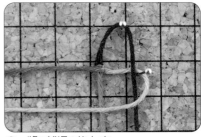

3 將B越過C的上方。

4 將C越過D的上方。

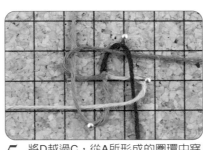

5 將D越過C，從A所形成的圈環中穿出。

6 將4條線平均地往外拉緊，拉緊至某種程度時，再分別拉緊兩兩相對的兩條線。

7 這樣結眼會呈現漂亮的四方形。

8 重複步驟2～7。

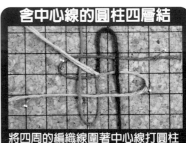

含中心線的圓柱四層結

將四周的編織線圍著中心線打圓柱四層結即可。（角型四層結也是相同的作法。）

角型四層結

 這種編法結飾會呈方柱形的繩索狀。

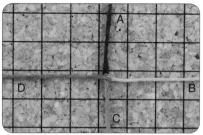

1 將4條線排列成十字的形狀。（這裡為方便讀者了解，每一條線都用不同的顏色。）

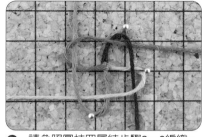

2 請參照圓柱四層結步驟2～6編織。

3 平均地拉緊4條線，形成四方形的結眼。

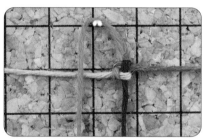

4 用和步驟2相反的方向來編織，先將C越過B的上方。

5 將B越過A的上方。

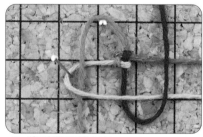

6 將A越過D的上方。

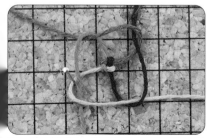

7 將D越過A，從C所形成的圈環中穿出。

8 將4條線平均地往外拉緊，拉緊至某種程度時，再分別拉緊相對的兩條線，就形成漂亮的四方形結眼。

9 重複步驟2～8。

四線編法

 這種編法結飾會呈現繩索狀，編織時主要用4條線中的3條來編，而暫放一邊的1條線，就成為下個階段的編織主線。

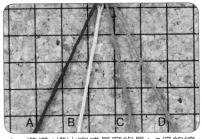

1　準備4條比完成長度約長1.2倍的線。

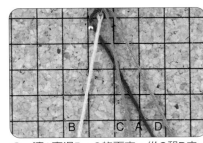

2　讓A穿過B、C的下方，從C和D之間拉出。

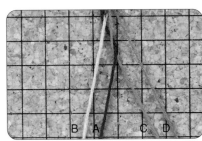

3　再將A越過C的上方拉回左側，使A和C呈交叉的狀態。

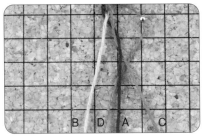

4　將暫放右邊的D，穿過C和A的下方，從A和B之間穿出。

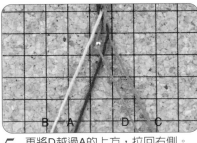

5　再將D越過A的上方，拉回右側。

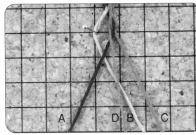

6　將暫放左邊的B，穿過A和D的下方，從D和C之間拉出。

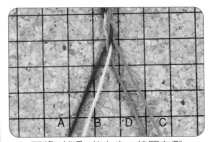

7　再將B越過D的上方，拉回左側。

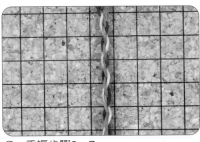

8　重複步驟2～7。